Monographien zum Pflanzenschutz
Herausgegeben von Professor Dr. H. Morstatt · Berlin-Dahlem
8

Die Blattrollkrankheit der Kartoffel

von

Dr. F. Esmarch
Staatliche Landwirtschaftliche Versuchsanstalt Dresden
Abteilung Pflanzenschutz

Mit 6 Abbildungen

Springer-Verlag Berlin Heidelberg GmbH
1932

ISBN 978-3-642-89089-5 ISBN 978-3-642-90945-0 (eBook)
DOI 10.1007/978-3-642-90945-0

Ursprünglich erschienen bei Verlag von Julius Springer, Berlin 1932
Softcover reprint of the hardcover 1st edition 1932

Inhaltsverzeichnis.

Inhaltsverzeichnis

I. Einleitung.

Geschichtliches: Die Kartoffelkrankheit, für die APPEL im Jahre 1906 den Namen „Blattrollkrankheit" prägte, reicht in ihren Anfängen wahrscheinlich bis in das letzte Viertel des 18. Jahrhunderts zurück. Damals wurde der Kartoffelbau von einer epidemisch auftretenden Krankheit heimgesucht, die in der zeitgenössischen englischen und deutschen Literatur als „Kräuselkrankheit" (curl) bezeichnet wird. Welche Krankheit man damit meinte, geht aus den uns überlieferten spärlichen Beschreibungen nicht klar hervor. Aus der Tatsache aber, daß diese untereinander nicht immer übereinstimmen, darf man schließen, daß es sich um mehrere verschiedene Krankheiten handelte. Neben der echten Kräuselkrankheit im Sinne der modernen Phytopathologie, der Welke-, Mosaik- und Strichelkrankheit (stipple-streak) dürfte auch die Blattrollkrankheit zu den damals unter dem Namen „Kräuselkrankheit" zusammengefaßten Erscheinungen gehört haben. Jedenfalls lassen sich die Schilderungen derselben, wie sie von APPEL (1907) und ATANASOFF (1922) zusammengestellt sind, teilweise gut mit dem vereinbaren, was wir heute über die Blattrollkrankheit wissen.

Auch an den Kartoffelepidemien um die Mitte des vorigen Jahrhunderts ist die Blattrollkrankheit beteiligt gewesen, wenn sie auch an Bedeutung zweifellos gegenüber der Krautfäule zurückgetreten ist. Aus dieser Zeit stammt eine Abbildung der „Kräuselkrankheit", die deutliche Anklänge an die Blattrollkrankheit aufweist (SCHACHT 1854). Sie zeigt einen blühenden Kartoffelstengel, dessen Blättchen schwach gerollt und zum Teil nach oben gerichtet sind. SCHACHT bemerkt dazu, daß die Blätter zunächst rötliche oder violett-braune Flecken an der Spitze und den Rändern bekommen, sich dann wellenförmig „kräuseln" und nach oben wenden, und daß die verfärbten Partien fester und härter sind als das umgebende gesunde Gewebe. Beschreibung und Abbildung stimmen unseres Erachtens nicht ganz überein. Von einer Kräuselung der Blätter, wie wir sie von der echten Kräuselkrankheit her kennen, ist in dem Bilde nicht viel zu sehen; es handelt sich vielmehr um ein Rollen derselben. Der Verfasser könnte es somit sehr wohl mit der Blattrollkrankheit zu tun gehabt haben, zumal er hervorhebt, daß die Blätter verhärtet waren.

In den letzten Jahrzehnten des vorigen Jahrhunderts scheint die Blattrollkrankheit keine erhebliche Rolle gespielt zu haben. Jedenfalls werden in den damaligen Beschreibungen der „Kräuselkrankheit“ Merkmale genannt, die der Blattrollkrankheit nicht zukommen. Als charakteristisch wird z. B. sowohl von KÜHN (1859) als auch von SORAUER (1877, 1886) und SCHENK (1875) angegeben, daß die Blattstiele nach unten gebogen sind, daß die Blätter braun-schwarze Flecken aufweisen, die auch auf den Stengel übergreifen, und daß letzterer eine spröde, glasartige, brüchige Beschaffenheit annimmt. Es könnte sich hier eher um die erst viel später erforschte Strichelkrankheit (stipple-streak) gehandelt haben. Teilweise haben die Autoren jener Zeit aber auch Gefäßmykosen bzw. Welkekrankheiten vor sich gehabt, so vermutlich HALLIER (1875—1878), REINKE u. BERTHOLD (1879) und zum Teil SCHENK (1875), die in den „kräuselkranken“ Pflanzen Pilzmycel fanden. Offenbar wurden auch damals verschiedene Krankheitsbilder miteinander vermengt. Kein Wunder, daß man über die Ursache der „Kräuselkrankheit“ sehr verschiedener Meinung war.

Unter diesen Umständen mußte sich der Gedanke aufdrängen, daß die „Kräuselkrankheit“ verschiedene Krankheitstypen umfaßte. Es war FRANK (1897), der ihn zuerst aussprach und selbst eine Aufteilung versuchte. Wenn diese auch als verfehlt bzw. unvollständig zu bezeichnen ist, so war doch der Grundgedanke richtig und wurde wenige Jahre später von APPEL wieder aufgenommen. Durch vergleichende Beobachtungen der am Anfang unseres Jahrhunderts wieder häufiger werdenden Kartoffelkrankheiten im Zusammenhang mit einem Studium der älteren Literatur kam APPEL zu der Überzeugung, daß die „Kräuselkrankheit“ in drei selbständige Krankheitsformen zerlegt werden müsse, nämlich die echte Kräuselkrankheit, die Bakterienringkrankheit und die Blattrollkrankheit. Mit dieser Dreiteilung war freilich der Inhalt des Sammelbegriffes auch noch nicht erschöpft — wir müssen annehmen, daß man außer den genannten noch die Welke-, Mosaik- und Strichelkrankheit und vielleicht sogar gewisse Abbauerscheinungen ökologischer Art mit darin einbezogen hat —, aber immerhin ein entscheidender Fortschritt in der Entwirrung des Problems der „Kräuselkrankheit“ erzielt. Vor allem waren damit für drei Krankheiten die klaren begrifflichen Grundlagen geschaffen, ohne die jede Krankheitsforschung zur Unfruchtbarkeit verurteilt ist.

Den unmittelbaren Anlaß zur Aufstellung des Begriffs „Blattrollkrankheit“ gab das Jahr 1905. Die Kartoffeln wurden damals in Deutschland (besonders in Westfalen) von einer bis dahin unbekannten bzw. nicht beachteten Krankheit in solchem Maße heimgesucht, daß enorme Ernteausfälle die Folge waren. Es war vor allem die zu jener Zeit noch sehr verbreitete Sorte „Magnum bonum“, die in vielen Gegenden völlig versagte. Als dieselbe Krankheit dann in den beiden nächsten Jahren wieder und in noch größerem Umfange beobachtet wurde, glaubte man, für die Zukunft des Kartoffelbaues die schlimmsten Befürchtungen hegen zu müssen. Graf ARNIM-SCHLAGENTHIN (1908) berechnete den für 1908 zu erwartenden Verlust auf zwei Drittel der Ernte und forderte unter der alarmierenden Überschrift „Europas Kartoffelbau in Gefahr!" die Bereitstellung großer Geldmittel, um die Krankheit zu erforschen und Wege zu ihrer Bekämpfung zu finden. Die von ihm vorausgesagte allgemeine Ausbreitung der Krankheit trat allerdings nicht ein. Immerhin aber hatte jener Alarmruf das Gute, daß er die Aufmerksamkeit der Wissenschaft auf die Krankheit lenkte.

Nachdem sie 1906 von APPEL nach ihrem hervorstechendsten Merkmal „Blattrollkrankheit" genannt worden war, hat sich in den folgenden Jahren eine ganze Reihe von Forschern und Praktikern mit ihr beschäftigt und ihre Beobachtungen in einer fast unübersehbaren Zahl von Veröffentlichungen niedergelegt. (Wir verweisen auf die Zusammenstellungen bei APPEL 1911 und HIMMELBAUR 1912.) Dabei stand die Frage nach der Ursache der Krankheit im Vordergrund. Es wurden die verschiedensten Ansichten darüber geäußert und in lebhaften Kontroversen verfochten, ohne daß man zu einer Einigung gelangte. Diese Widersprüche und Gegensätze beruhten, wie wir heute wissen, in der Hauptsache darauf, daß der Begriff der Blattrollkrankheit damals noch nicht scharf genug umgrenzt war, so daß sie vielfach mit anderen, ihr ähnlichen Krankheitserscheinungen zusammengeworfen wurde. Deshalb sind aber auch die in jenen Arbeiten mitgeteilten Beobachtungen und experimentellen Befunde heute nur noch teilweise bzw. mit Vorsicht zu verwerten.

Einwandfreies Tatsachenmaterial konnte erst zutage gefördert werden, nachdem man gelernt hatte, die Blattrollkrankheit von anderen Krankheitstypen schärfer zu unterscheiden. Diese Abgrenzung war, wenigstens im großen und ganzen, um das Jahr 1913 beendet. Die Forschung hat sich dann in Holland, Amerika und England in erster Linie der Frage der Krankheitsübertragung zugewandt, während in Deutschland die Physiologie im Vordergrunde stand. Auf beiden Gebieten sind im letzten Jahrzehnt bedeutsame Fortschritte erzielt worden. Weniger weit ist man in der Erforschung der Ökologie und der Abhängigkeit von inneren Faktoren (Sortenfrage) gekommen. Hand in Hand mit der zunehmenden Klärung dieser Beziehungen wurde auch die Ätiologie der Blattrollkrankheit gefördert, ohne aber bis jetzt eine endgültige Lösung zu finden.

Geographische Verbreitung: Die Blattrollkrankheit wurde, wie bereits bemerkt, zuerst im Jahre 1905 in Deutschland festgestellt. Im gleichen Jahre beobachtete man sie in Dänemark, bald darauf aber auch (vgl. APPEL 1911) im ehemaligen Österreich-Ungarn, in der Schweiz, den Niederlanden, Schweden, Norwegen, Rußland, Bulgarien und Rumänien.

Später wurde sie (vgl. QUANJER 1919) ferner aus Belgien, Frankreich, England, den Vereinigten Staaten, Indien und Java bekannt und schließlich auch aus Kanada (MURPHY 1921), Japan (KASAI 1921) und Westaustralien (CARNE 1927). Sie ist also überall da verbreitet, wo der Kartoffelbau in größerem Ausmaße betrieben wird.

In Europa sind es vor allem Deutschland, Holland und England, die unter der Blattrollkrankheit zu leiden haben. Sie ist hier aber nicht überall gleich häufig. In Deutschland tritt sie in erster Linie in den westlichen Teilen (Rheinland, Westfalen, Pfalz usw.), jedoch auch in den tiefer gelegenen Gebieten Mittel- und Süddeutschlands auf, während die Küstenstriche Nord- und Ostdeutschlands (Ostpreußen, Pommern, Schleswig-Holstein) und rauhere Höhenlagen (Eifel, Thüringer Wald, Erzgebirge usw.) weniger betroffen werden. In Holland — und ebenso in Dänemark — ist die Blattrollkrankheit vorwiegend in den weiter von der See entfernten Provinzen zu Hause. In England nimmt die Häufigkeit von Süden nach Norden ab. Im schottischen Bergland fehlt sie fast ganz (COTTON 1921). Aber auch in Wales bleiben gewisse, den Seewinden ausgesetzte Lagen verschont (WHITEHEAD 1924). In Irland ist sie im allgemeinen nicht so verbreitet wie in England.

Außerhalb Europas spielt die Blattrollkrankheit vor allem in Nordamerika, und zwar sowohl in Kanada als auch in den U. S. A. — sie wurde hier unter anderem in den Staaten Maine, New York, New Jersey, Pennsylvania, Ohio, Indiana, Michigan, Minnesota, Idaho, Colorado, Nebraska und Oregon festgestellt — eine große Rolle. In Kanada ist sie in den maritimen Provinzen seltener als in den binnenländischen, und in Nord-Ontario seltener als in Süd-Ontario (MURPHY 1921). Ebenso leiden die nördlicheren Staaten der Union weniger unter ihr als die südlichen. Auch innerhalb der einzelnen Staaten ist die Verbreitung ungleichmäßig; so ist der Norden von Maine im Unterschiede vom Süden nahezu frei davon (SCHULTZ u. FOLSOM 1923) und in New York der westliche, an den Erie- und Ontariosee grenzende Teil viel schwerer heimgesucht als der östliche (MURPHY 1921). Besonders stark tritt die Krankheit auf den Bermuda-Inseln auf.

Die **wirtschaftliche Bedeutung** der Krankheit ist anfangs, bei ihrem ersten Auftreten in Deutschland (1905—1907), überschätzt worden. Man fürchtete, daß sie den ganzen Kartoffelbau in Frage stellen würde. Diese Befürchtung hat sich aber in der Folge als unbegründet erwiesen. Man erkannte, daß die Blattrollkrankheit keine alljährlich in gleichem Umfange auftretende Erscheinung ist, sondern in ihrer Häufigkeit und Stärke wechselt und demgemäß auch die Schäden nicht immer so groß sind wie in den Jahren 1905—1907. (An den damaligen Mißernten dürften übrigens neben der Blattrollkrankheit auch Bakterienringkrankheit und Welkekrankheiten mit beteiligt gewesen sein.) Immerhin ist die wirtschaftliche Bedeutung der Blattrollkrankheit nicht gering. Rollkranke Stauden ergeben, wie wir noch sehen werden, einen um 50—95% geringeren Knollenertrag als gesunde. Das muß sich im großen, namentlich, wenn nicht nur einzelne Felder, sondern ganze Bezirke von der Krankheit heimgesucht werden, in erheblichen Ertragsminderungen auswirken. Das darüber vorliegende statistische Material ist allerdings bedauerlicherweise sehr spärlich. Was zunächst Deutschland betrifft, so finden sich z. B. in den von der Biologischen Reichsanstalt herausgegebenen Jahresberichten über die „Krankheiten und Beschädigungen der Kulturpflanzen" (1920—1928) wohl zahlreiche Angaben über die Stärke des Befalls in den verschiedenen Landesteilen — die Zahlen bewegen sich zwischen 5 und 80% —, aber nur ganz vereinzelt solche über die dadurch entstandenen Ernteausfälle, die auf 10—50% der Normalernte geschätzt werden. Eine Berechnung der auf die Blattrollkrankheit zurückzuführenden Ernteverluste ist auf dieser schmalen Basis naturgemäß nicht möglich. Ebensowenig bieten andere Statistiken eine Handhabe hierzu, weil sie die Blattrollkrankheit entweder überhaupt nicht oder nur unter der Sammelbezeichnung „Abbauerscheinungen" aufführen.

Auch in der holländischen und englischen Literatur finden wir keine genaueren statistischen Daten, sondern nur die Angabe, daß Ernteverluste bis 50% möglich sind (COTTON 1921, MCINTOSH 1925).

Am besten sind wir noch über die Verhältnisse in den Vereinigten Staaten unterrichtet. Nach den Erhebungen des „Office of plant disease survey and pathological collections" wurden hier in den Jahren 1921 bis 1927 schätzungsweise folgende Ernteverluste[1] durch die Blattrollkrankheit hervorgerufen:

	Gesamtverlust durch Krankheiten in %	Davon entfielen auf Blattrollkrankheit in %
1921	18,6	1,4
1922	21,1	3,5
1923	16,2	2,8
1924	19,2	1,6
1925	21,0	1,9
1926	18,2	1,3
1927	19,7	1,6
Durchschnitt	19,1	2,0

Unter Berücksichtigung des Gesamtertrages berechnet sich hieraus ein jährlicher Durchschnittsverlust von etwa 212000 t. In enger umgrenzten Bezirken sind noch erheblich größere Verluste beobachtet worden. So gibt ORTON (1913) für Teile von Colorado und Nebraska einen solchen von 6800 Waggons, APPEL (1915) für Colorado 25%, WORTLEY (1918) für die Bermuda-Inseln bei einzelnen Sorten 60—80% und MURPHY (1921) für Süd-Ontario in einem Jahre mit relativ geringer Verbreitung der Krankheit einen Verlust von 10% an.

[1] Die Zahlen wurden uns durch Herrn Dr. HANS BRAUN, Berlin-Dahlem, übermittelt, wofür ihm auch an dieser Stelle gedankt sei.

II. Krankheitsbild und -verlauf.

Die ersten Schilderungen des Krankheitsbildes, wie wir sie z. B. bei APPEL (1907, 1909) finden, sind unvollständig und in mancher Hinsicht auch unrichtig. Sie weisen Züge auf, die nicht der Blattrollkrankheit, sondern anderen, sich in ähnlicher Weise äußernden und deshalb mit ihr leicht zu verwechselnden Krankheiten zukommen. In dem Maße wie die letzteren als selbständige Krankheitsformen erkannt wurden, mußte das Krankheitsbild der ersteren berichtigt und ergänzt werden. An der Klärung desselben haben neben deutschen (APPEL, SCHANDER, SPIECKERMANN) besonders holländische (QUANJER), amerikanische (ORTON, WORTLEY) und englische Forscher (MURPHY) mitgearbeitet.

Die Blattrollkrankheit kommt in zwei habituell verschiedenen Formen bzw. Entwicklungsstadien vor, die man als primäre und sekundäre Form unterscheidet.

Von diesen beiden Formen ist die sekundäre die verbreitetste und auch wirtschaftlich bedeutendste. Die ersten Anzeichen der Erkrankung treten zuweilen schon bald nach dem Auflauf der Pflanzen, in der Regel aber erst 4—6 Wochen später, also Ende Juni oder im Juli, zutage. Die Symptome werden dann mehr oder weniger schnell stärker und deutlicher, erreichen einen Höhepunkt und bleiben auf diesem bis zum Abschluß der Vegetation stehen.

Das auffallendste Merkmal der Krankheit ist, wie schon der Name andeutet, ein eigentümliches Rollen der Blätter oder richtiger der Blättchen. Ihre Spreite ist bald mehr, bald weniger nach oben eingerollt, so daß deren Unterseite sichtbar wird. Dieses Rollen beginnt an den unteren Blättern, die meist alle, manchmal aber auch nur zum Teil davon erfaßt werden. Bei schwacher Erkrankung bleibt das Rollen auf diese beschränkt, bei stärkerer aber schreitet es allmählich zu den mittleren und in extremen Fällen auch zu den oberen Blättern fort, so daß schließlich sämtliche oder doch die Mehrzahl der Blätter gerollt sind. Hand in Hand damit geht eine Verfärbung ins Blaß- oder Gelblich-Grüne, wozu oft rötliche bis violette Farbtöne am Blattgrunde und -rande kommen. Die gerollten Blätter sind verdickt, hart und spröde. Häufig sind die zusammengehörigen Fiederblättchen einander nach oben zu genähert und die Blattstiele aufwärts gerichtet. Die Internodien der Stengel erscheinen verkürzt. Blätter, Blüten und Beeren sind oft merklich kleiner als bei gesunden Pflanzen. Der ganze Wuchs ist niedriger und gedrungener; bei manchen Sorten kommt ein starrer, besenartiger Habitus zustande. Die kranken Stauden sterben in der Regel nicht eher ab als gesunde. Bei der Ernte beobachtet man zuweilen, daß die Stolonen anormal verkürzt sind. Der Ertrag ist mehr oder weniger, oft beträchtlich, vermindert. Die Knollen zeigen weder äußerlich noch innerlich irgendwelche Besonderheiten. Werden sie aber im folgenden Jahre als Pflanzkartoffeln verwendet, so gehen aus ihnen in gleicher Weise erkrankte Pflanzen hervor. Die Mutterknolle bleibt vielfach noch bis zur Ernte fest und unzersetzt.

Zu den vorstehend geschilderten Symptomen ist im einzelnen folgendes zu bemerken:

Das **Rollen der Blätter** geht in der Weise vor sich, daß die Ränder der Blättchen sich nach oben krümmen und einander nähern, um sich schließlich zu berühren oder übereinander zu schieben. Je nachdem, wie

Abb. 1. Blattrollkranke Staude (Richters „Imperator"). Nach APPEL (1911.)

weit die Krümmung fortschreitet und an welchen Teilen der Spreite sie zuerst zum Abschluß kommt, nimmt das Blättchen verschiedene Formen an. Bei schwächerer Krümmung erscheint es löffel- oder rinnenförmig, bei stärkerer zylindrisch oder tütenartig. Die Tütenform ist die häufigste und kommt dadurch zustande, daß die Basis des Blättchens sich eher schließt. Dabei bleibt die Form zumeist symmetrisch zur Mittelrippe. Seltener findet man asymmetrische Formen. Diese sind auf ungleich starke Krümmung der beiden Blatthälften oder auf gleichzeitig eintretende Knickungen des Blattrandes oder auch darauf zurückzuführen, daß das Blättchen sich beim Einrollen zugleich um seine Achse dreht (so z. B. oft bei „Magnum bonum“). An dem einzelnen Blatt rollt sich gewöhnlich zuerst das Endblättchen; die Seitenblättchen folgen in basipetaler Reihenfolge.

Betont sei noch, daß das Rollen von keinerlei wellenförmigen Deformationen des Blattrandes oder der Blattspreite begleitet ist. Dadurch unterscheidet es sich in leicht erkennbarer Weise von dem „Kräuseln“, wie es für die Kräuselkrankheit (im engeren Sinne) und für gewisse Formen des Mosaiks charakteristisch ist.

Die Art und Weise des Rollens ist je nach der Sorte verschieden und nicht selten für diese sehr kennzeichnend. Umfang und Stärke desselben hängen einerseits von dem Grade der Erkrankung, andererseits

Abb. 2. Sekundärkranke (links) und gesunde Pflanze (rechts), aus dem holländischen Merkblatt „Aardappelziekten“ (1928).

von den Witterungsverhältnissen und anderen Außenbedingungen ab. In allen Fällen aber — und das ist ein wichtiges Kriterium der Blattrollkrankheit (in ihrer sekundären Form) — zeigt sich das Rollen zuerst und am stärksten an den unteren Blättern.

Verfärbung. Die kranken Blätter sehen heller aus als gesunde, so daß man kranke Stauden bei stärkerem Befall oft schon von weitem erkennen kann. Diese Hellfärbung wird nicht etwa dadurch vorgetäuscht, daß die gerollten Blätter ihre hellere Unterseite nach oben kehren. Es handelt sich vielmehr, wie ein Vergleich mit gesunden Blättern lehrt, um eine wirkliche Änderung der Farbe. Der Farbton ist je nach der Sorte bald bleich-grün, bald gelblich-grün oder auch gelblich. Amerikanische

Autoren sprechen daher von „Chlorose". Sie beginnt gewöhnlich an der Spitze bzw. am Rande der Blätter, um sich dann auf die ganze Blattfläche auszubreiten.

Neben der „Chlorose", und diese teilweise verdeckend, kommen bei bestimmten Sorten noch weitergehende Verfärbungen vor. Die Blattunterseite kann einen rötlichen, bläulichen, violetten oder auch bronzefarbenen (Coons u. Kotila 1923) Schimmer aufweisen oder Blattgrund bzw. Blattrand rötlich bis violett verfärbt sein. Die Intensität der Färbung ist je nach dem Klima, der Witterung und den Bodenverhältnissen verschieden, in trockenen Jahren meist stärker als in feuchten. Bemerkenswert ist, daß sie auch bei solchen Sorten auftritt, die sonst keinen roten Farbstoff bilden.

Manchmal entwickeln sich gegen Ende der Vegetation auf den Blättern braune bis schwarze Flecken. Diese wurden früher als charakteristisch für die Blattrollkrankheit angesehen. Spätere Beobachtungen ergaben jedoch, daß sie nur bei bestimmten Sorten (z. B. „Paul Krüger") regelmäßig, bei anderen dagegen nicht oder nur gelegentlich auftritt. Da zudem ähnliche Flecken sich infolge anderer Krankheiten einstellen können, sind sie ohne diagnostischen Wert.

Abb. 3. Einzelblatt einer rollkranken Staude.

Blattstruktur. Die gerollten Blätter sind dicker und fühlen sich härter an als gesunde. Amerikanische und englische Autoren bezeichnen sie geradezu als „lederartig". Diese Versteifung oder Erstarrung des Gewebes stellt sich bald nach dem Sichtbarwerden des Rollens ein. Die Blätter geben infolgedessen bei Berührung einen raschelnden Laut von sich, was den rollkranken Stauden in Holland den populären Namen „rammelaar" eingetragen hat. Der härteren Struktur entsprechend, sind die gerollten Blätter gegen Trockenheit weniger empfindlich als gesunde. Andererseits ist ihre Biegungsfestigkeit geringer, sie sind spröde. Dasselbe kann man übrigens zuweilen auch bei den Blattstielen und Stengeln feststellen.

Das **Aufrichten der Blattstiele** ist zwar keine allgemeine Eigenschaft rollkranker Stauden, aber doch für manche Sorten (Paul Krüger, Magnum bonum, Up to date, Imperator u. a.) typisch. Wo es vorkommt, sind gleichzeitig die zusammengehörigen Fiederblättchen einander genähert. Die Erscheinung ist besonders auffallend, wenn die Rollung auch die oberen Blätter erfaßt hat; diese sehen dann wie aufgebunden aus. Da die Seitensprosse in solchen Fällen gleichfalls die Neigung haben, sich stärker aufzurichten, macht die Pflanze einen starren, beinahe besenartigen Eindruck. Andere Sorten dagegen behalten ihren ausgebreiteten Wuchs bei.

Wachstumshemmung. Die kranken Stauden bleiben im Wachstum gegenüber gesunden Nachbarn zurück. Ihre Höhe ist geringer, das ganze Kraut weniger kräftig entwickelt. Diese Verkümmerung beruht zum Teil auf einer Verminderung der Zahl der Stengel und Blätter, in der Hauptsache aber auf einer Verkleinerung der einzelnen Teile. Die Internodien der Stengel, besonders die oberen, sind verkürzt. Auch die Abstände zwischen den Fiedern eines Blattes sind kleiner, so daß sie enger zusammenrücken. Die Blattgröße ist, wenigstens bei stärkerem Befall, mehr oder weniger reduziert. Sogar die Blüten und Beeren können bei gewissen Sorten merklich kleiner sein. Alles deutet auf eine Minderung der Wuchskraft, die natürlich um so mehr in Erscheinung tritt, je stärker die Erkrankung ist. In extremen Fällen entstehen ausgesprochene Kümmerformen, an denen allerdings die übrigen Symptome nicht immer deutlich sind.

Die **Verkürzung der Stolonen** ist zuweilen recht auffallend und kann so weit gehen, daß die Knollen unmittelbar am unterirdischen Stengel sitzen. Dieselbe Erscheinung kann aber unter bestimmten Boden- und Witterungsverhältnissen auch bei gesunden Pflanzen vorkommen und stellt in manchen Fällen sogar eine Sorteneigentümlichkeit dar, so daß sie für die Diagnose der Blattrollkrankheit ohne Bedeutung ist.

Ausdauern der Mutterknolle. Das unterschiedliche Verhalten kranker und gesunder Mutterknollen ist bei manchen Sorten und unter bestimmten Außenbedingungen sehr ausgeprägt. In anderen Fällen aber verfaulen die kranken Mutterknollen ebenso schnell wie gesunde. Maßgebend dafür scheint weniger der Gesundheitszustand der Pflanze als die Bodenbeschaffenheit und die Witterung zu sein. Um ein konstantes Merkmal der Blattrollkrankheit handelt es sich jedenfalls nicht. Dasselbe gilt von der Vergrößerung der Mutterknollen im Erdboden, die einige ältere Autoren als Eigentümlichkeit der Krankheit ansprachen. Schon Appel (1911) hat festgestellt, daß die gleiche Erscheinung auch bei gesunden Pflanzen vorkommt.

Die **Tochterknollen** rollkranker Stauden zeigen weder äußerlich noch beim Durchschneiden charakteristische Besonderheiten. Die ursprünglich von Appel (1907) als Krankheitsmerkmal angesehene gelbliche oder bräunliche Verfärbung des Gefäßbündelringes hat mit der Blattrollkrankheit nichts zu tun. Sie ist vielmehr ein Kennzeichen von Gefäßmykosen oder -bakteriosen, die man anfangs nicht von der Blattrollkrankheit unterschied, kann aber unter bestimmten Witterungsverhältnissen gelegentlich auch bei gesunden Pflanzen auftreten. Die „Netznekrose", die von amerikanischen Autoren mit der Blattrollkrankheit in Verbindung gebracht wird, ist gleichfalls keine konstante Begleiterscheinung derselben, sondern ein auf bestimmte amerikanische Sorten beschränktes Merkmal. Ebensowenig können andere, hier und da angegebene Merkmale kranker Knollen, wie z. B. harte und holzige Beschaffenheit (SCHULTZ u. FOLSOM 1921), als konstante Symptome gelten. Es gibt also keine Merkmale, an denen man rollkranke Knollen von gesunden unterscheiden könnte.

Die **Übertragung durch die Knollen,** fälschlicherweise oft „Vererbung" genannt, ist dagegen ein wichtiges Kennzeichen der Blattrollkrankheit, das diese von manchen anderen Blattrollerscheinungen unterscheidet und vielfach bei der Diagnose den Ausschlag geben muß.

Ertragsminderung. Rollkranke Stauden geben stets einen geringeren Ertrag als gesunde Pflanzen der gleichen Sorte unter den gleichen Anbaubedingungen. So gibt SCHANDER (1910) für kranke „Magnum bonum" Staudenerträge von 90—400 g, für gesunde aber 1100—2400 g an. Im Durchschnitt betrug der Ertrag stark erkrankter Stauden 208 g, der von schwach erkrankten 461 g und der von gesunden 1193 g, was je Morgen einem Ertrage von 64,6 Zentnern bzw. 90,1 Zentnern, bzw. 233,2 Zentnern entspricht. Setzt man den Ertrag der gesunden Stauden gleich 100, so berechnet sich für die kranken ein Ertrag von 17,4% bzw. 38,6%. Im Einzelfalle kann der Unterschied noch wesentlich größer sein. Findet man doch kranke Stauden, deren Knollen nur haselnußgroß sind und insgesamt nur wenige Gramm wiegen!

Die Angaben der ausländischen Literatur über die Höhe der Ertragsminderung schwanken zwischen 50% und 99%; meist wird sie auf $^1/_2$ bis $^3/_4$ der Ernte beziffert. Nach MURPHY (1921) ist der Ertrag einer kranken Pflanze im allgemeinen nicht höher als 33% und nicht niedriger als 20% von dem einer gesunden, unter gleichen Bedingungen aufgewachsenen Pflanze und geht nur gelegentlich auf 5% herunter oder auf 55% hinauf.

MURPHY wendet sich in diesem Zusammenhange gegen die verbreitete Ansicht, daß die Erträge kranker Pflanzen im Laufe der Jahre, bei ständiger Weiterzucht, immer mehr zurückgehen und schließlich praktisch gleich Null werden. Bei seinen durch 5 Jahre fortgeführten Anbauversuchen mit kranken Stämmen war eine kontinuierliche Abnahme der Erträge nicht festzustellen. Es ergaben sich nur je nach Gunst oder Ungunst der Witterung mehr oder minder große Schwankungen, wie sie auch bei gesunden Stämmen zu beobachten waren, nur daß diese auf die Außenbedingungen weniger stark reagierten. Ob diese Befunde allgemeine Geltung beanspruchen können, muß dahingestellt bleiben. Wenn MURPHY recht hat, könnte der von anderen, namentlich deutschen Autoren behauptete progressive Ertragsrückgang vielleicht darauf beruhen, daß ihre Versuchspflanzen gleichzeitig dem ökologischen Abbau unterworfen waren — wir werden später sehen, daß die Blattrollkrankheit oft in Verbindung mit diesem auftritt —, aber auch damit zusammenhängen, daß die deutschen Sorten sich in dieser Hinsicht anders verhalten als die amerikanischen.

Die **Reduktion der Knollengröße** bzw. das Überwiegen kleiner Knollen ist eine Eigentümlichkeit der Blattrollkrankheit, auf die schon APPEL (1907) und SPIECKERMANN (1908) hingewiesen haben, die aber auch später vielfach hervorgehoben wird (QUANJER 1919, MURPHY 1921, SCHULTZ u. FOLSOM 1921, 1923, SCHANDER 1924 u. a.). Als Beispiel greifen wir die von SCHANDER (1924, 10) mitgeteilten Zahlen heraus. Die Ernte von gesunden und kranken Stauden von acht verschiedenen Sorten wurde der Größe nach in drei Gruppen eingeteilt und dabei als „kleine" solche mit einem Maximaldurchmesser von 3,5 cm, als „mittlere" solche von 3,5—7 cm Durchmesser und als „große" solche mit über 7 cm Durchmesser bezeichnet. Es ergaben sich im Durchschnitt der acht Sorten folgende Prozente:

	Staudenzahl	Große Knollen	Mittlere Knollen	Kleine Knollen
Gesund	45,31	20,62	38,84	40,58
Krank	54,69	14,10	26,52	59,38

Die Zahlen lassen erkennen, daß bei den kranken Pflanzen die kleinen, bei den gesunden die mittleren und großen Knollen überwiegen. Im einzelnen ist die Größe der Knollen, ebenso wie der Gesamtertrag, von den Wachstumsbedingungen abhängig. Insbesondere spielt der Umstand eine wichtige Rolle, ob die kranken Stauden direkt nebeneinander oder zwischen gesunden stehen. Im ersten Falle können sich die einzelnen Stauden ungestört entwickeln und bringen dann verhältnismäßig höhere Erträge und auch verhältnismäßig viel große Knollen. Im zweiten Falle werden die kranken Stauden von den gesunden mehr oder weniger unterdrückt und bilden dann nur wenige und durchweg kleine Knollen aus.

Nur bei einigen wenigen Sorten, wie „Up to date" nach MURPHY (1926) und „Arran Comrade" nach WHITEHEAD (1924), scheint die Blattrollkrankheit ein Vorherrschen der kleinen Knollen nicht zur Folge zu haben.

Fassen wir das Gesagte zusammen, so ergeben sich als **typische und konstante äußere Symptome** der Blattrollkrankheit (in der sekundären Form) das an den unteren Blättern beginnende Einrollen der Fiederblättchen, die harte und spröde Beschaffenheit derselben, die schwächere Entwicklung und hellere Färbung des Krautes, der geringere, vorwiegend aus kleinen Knollen bestehende Ertrag und die Übertragbarkeit durch die Knollen.

Außer der vorstehend geschilderten gibt es, wie schon bemerkt, noch eine andere Form der Blattrollkrankheit, die zuerst von QUANJER (1916) beschrieben und als „primäre" der obigen „sekundären" Form gegenübergestellt wurde.

Die primäre Form der Blattrollkrankheit tritt in der Regel erst in der zweiten Hälfte des August oder im September in Erscheinung. Nur in Ausnahmefällen kann man sie schon früher (Ende Juni oder im Juli) beobachten. Auch hier äußert sich die Krankheit in einem nach oben gerichteten Rollen der Fiederblättchen. Dieses beginnt aber

Abb. 4. Primärkranke Staude der Sorte „Alma". Nach LASKE (unveröffentlicht.)

und ist am stärksten ausgeprägt an den oberen Blättern. Fast stets schließt sich die Basis des Blättchens eher, so daß dieses eine ausgesprochene Tüten- oder Trichterform annimmt. Die gerollten Blättchen sind besonders am Grunde chlorotisch bzw., bei bestimmten Sorten (Paul Krüger), rötlich, gelbrot oder rotviolett verfärbt. Die Verfärbung ist bei der primären Form häufiger und intensiver als bei der sekundären. Zuweilen greift das Rollen von den oberen auf die mittleren Blätter über und führt dann auch zu einer Versteifung des Gewebes. In den meisten Fällen aber beschränkt sich die Rollung auf die obersten Blätter. Ja, sie kann sogar bei warmem, mildem Wetter vorübergehend wieder verschwinden, um erst gegen Ende des Sommers von neuem hervorzutreten. Die Krautentwicklung ist nicht wesentlich geringer als bei gesunden Stauden; auch der Ernteertrag wird kaum gemindert, es sei denn, daß die Erkrankung früh eingetreten ist und einen größeren Teil der Pflanze erfaßt hat. Die Knollen haben ebensowenig wie bei der sekundären Form irgendwelche charakteristischen Merkmale. Werden sie ausgepflanzt, so gehen daraus entweder nur sekundärkranke oder teils gesunde, teils sekundärkranke, niemals aber wieder primärkranke Pflanzen hervor. Die primäre Form stellt also das erste Entwicklungsstadium der Blattrollkrankheit dar, dem im folgenden Jahre die sekundäre Form als zweites und Hauptentwicklungsstadium folgt.

Die primäre Krankheitsform ist in Holland häufig, in England seltener und in Amerika und Deutschland, wenn wir uns an die vorliegenden Literaturangaben halten, überhaupt nicht beobachtet worden. Sie ist also keine regelmäßige Vorläuferin der sekundären Form. Diese kann vielmehr auch unabhängig von jener vorkommen, d. h. unvermittelt in vorher gesunden Stämmen auftreten. Nach Ansicht der holländischen und englischen Autoren ist aber die Gesundheit der Mutterpflanzen in solchen Fällen nur scheinbar. Es liegt eine latente Erkrankung derselben vor, die erst im Nachbau und dann in der sekundären Form sichtbar wird. Ob primäre Krankheitssymptome in Erscheinung treten oder nicht, hängt nach ihnen vor allem von der Sorte ab. Bei der holländischen Sorte „Paul Krüger“ beispielsweise findet man die primäre Form sehr häufig, bei „Bravo“ hingegen überhaupt nicht (Oortwijn Botjes 1920). Ebenso zeigen von englischen Sorten wohl „President“ und in geringerem Maße „Lochar“ (Cotton 1921), nicht jedoch „Arran Comrade“ (Whitehead 1924) primäre Symptome. Daneben spielen aber auch Klima, Witterung und sonstige Wachstumsfaktoren eine Rolle.

Da in Deutschland und Amerika andere Sorten als in Holland und England angebaut werden und auch die klimatischen Verhältnisse verschieden sind, wäre es an sich verständlich, wenn die primäre Form der Blattrollkrankheit hier überhaupt nicht vorkäme. Unseres Erachtens aber dürfte sie auch in diesen Ländern vorhanden und nur bisher nicht genügend beachtet bzw. nicht als solche erkannt worden sein. Krankheitsbilder, die durch das Rollen der Wipfelblätter an die primäre Form Quanjers erinnern, sind in Deutschland keine seltene Erscheinung. Sie werden aber auf Schädigungen des Stengelfußes bzw. der Wurzeln zurückgeführt und als „Fußkrankheiten“ bezeichnet. Ohne Zweifel läßt sich das Wipfelrollen in vielen Fällen in dieser Weise erklären. Wir haben aber seinerzeit nicht selten auch Wipfelroller gefunden, deren untere Stengelteile und Wurzeln weder Fäulniserscheinungen, noch Rhizoctonia-Befall, noch Verletzungen durch Schmarotzerfraß u. dgl. aufwiesen. Hier könnte also die primäre Form der Blattrollkrankheit vorgelegen haben. (Eine Prüfung des Nachbaues, welche die Frage sofort entschieden hätte, wurde leider nicht vorgenommen.) In die gleiche Richtung weist eine Beobachtung von Schander u. Bielert (1928): Unter den von ihnen anatomisch untersuchten Stauden fand sich auch eine, bei der das Blattrollen in der oberen Region begonnen hatte und von hier aus nach unten fortgeschritten war. Sie entsprach der Quanjerschen primären Form auch insofern, als die akute Nekrose, die wir im nächsten Abschnitt als ein anatomisches Merkmal der Blattrollkrankheit kennen lernen werden, von oben nach unten abnahm. Gleichwohl lehnen die Verfasser die Möglichkeit, daß es sich um diese Form handle, ab. Nach unserer Meinung kommt aber eine andere Deutung um so weniger in Frage, als sie ausdrücklich hervorheben, daß die Blätter der betreffenden Staude im Unterschiede von anderen Gipfelrollern die für die Blattrollkrankheit kennzeichnende Stärkeschoppung zeigten.

Daß der primäre Typ in Deutschland vorkommt, geht schließlich aus einer Mitteilung von Laske (1931) hervor. Er prüfte den Nachbau von Stauden, welche die von Quanjer angegebenen primären Symptome zeigten, ohne am Stengelfuße Beschädigungen aufzuweisen, und stellte fest, daß die meisten stärker oder schwächer sekundärkranke Nachkommen geliefert hatten; nur bei einem Clon waren auch gesunde Stauden, und zwar sieben unter insgesamt 26, vorhanden. Er bemerkt in diesem Zusammenhang, daß das oben beginnende Blattrollen der primärkranken Pflanzen sich in einem Falle bis zu den untersten Blättern ausbreitete. Es waren zuletzt alle Blätter gerollt, sparrig und blaßgrün, so daß man ohne Beobachtung der Entwicklung glauben konnte, einen ausnahmsweise kräftigen sekundären Typ vor sich zu haben. Laske nennt diese Form der primären Erkrankung „direkt-sekundär“ und die äußerlich nicht von ihr zu unterscheidende, gewöhnliche sekundäre Form im Sinne Quanjers „indirekt-sekundär“.

Überblickt man die vorstehend geschilderten Merkmale der Blattrollkrankheit, so ergibt sich ein charakteristisches Gesamtbild von ihrer äußeren Erscheinung. Trotzdem ist sie nicht immer leicht zu diagnostizieren. Das beruht darauf, daß bei der Kartoffel noch eine ganze Reihe anderer Krankheitserscheinungen vorkommen, die ihr ähnlich sind und insbesondere das Rollen der Blätter mit ihr gemein haben. Sie ist darum auch vielfach, namentlich von älteren Autoren, mit solchen verwechselt worden. Um unsere Schilderung des Krankheitsbildes abzurunden, wollen wir deshalb noch mit einigen Worten auf die hier in

Betracht kommenden Erscheinungen eingehen und deren Unterscheidungsmerkmale von der Blattrollkrankheit aufzeigen.

Anlaß zu Verwechslungen können zunächst einige durch Pilze, Bakterien und andere Organismen hervorgerufene Schädigungen geben. So sind die Welkekrankheit (*Fusarium* und *Verticillium*) und die Bakterienringkrankheit (*Bacterium sepedonicum* SPIECK.) mit einem mehr oder weniger ausgedehnten Blattrollen verbunden. Die gerollten Blätter sind aber im Gegensatze zur Blattrollkrankheit nicht verhärtet und vertrocknen vorzeitig. Außerdem sind die Gefäße im unteren Stengel sowie in den Knollen bräunlich bzw. gelblich verfärbt und enthalten Pilzmyzel bzw. Bakterien. Welkekranke Stauden sind von KÖCK u. KORNAUTH (1909—1914), HIMMELBAUR (1912), PETHYBRIDGE (1911—1912), zum Teil auch von APPEL (1907) u. a. irrtümlicherweise für rollkrank gehalten worden.

Weiter ist hier die Schwarzbeinigkeit (*Bacillus phytophthorus* APPEL) zu nennen. Sie erinnert durch das oft mit Verfärbung verknüpfte Rollen der oberen Blätter an die primäre Form der Blattrollkrankheit, läßt sich jedoch an dem welken, schlaffen Aussehen der gerollten Blätter und vor allem an der Schwarzfärbung des Stengelfußes leicht als solche erkennen.

Schwieriger ist dagegen die Unterscheidung der Rhizoctonia-Krankheit (*Hypochnus solani* PRILL. u. DELCR.), weil hier die gerollten Wipfelblätter meist nicht merklich erschlafft sind. Findet man am Stengelfuß, an den Wurzeln, jungen Stolonen oder Knollen weder Pilzmyzel noch Sklerotien, so kann man nur durch Prüfung des Nachbaues zu einer einwandfreien Diagnose kommen.

Endlich gehören noch die Fußkrankheiten hierher, die durch Fraßbeschädigungen am unterirdischen Stengel, durch Wurzelfäulnis o. dgl. hervorgerufen werden und gleichfalls durch ein Rollen der oberen Blätter gekennzeichnet sind. Wenn die Ursache nicht erkennbar ist, muß man auch hier zur Prüfung des Nachbaues schreiten.

Blattrollerscheinungen können aber auch durch Boden- und Witterungseinflüsse verschiedener Art ausgelöst werden. So kommt es bei extremer Trockenheit (SCHANDER 1915, QUANJER 1916, SCHULTZ u. FOLSOM 1921, MCINTOSH 1925 u. a.) oder bei anhaltender Feuchtigkeit (APPEL 1907, SCHANDER 1915, QUANJER 1916, MURPHY 1921 u. a.) zu einem Rollen der Blätter, das unter Umständen sämtliche Blätter erfassen kann. Ebenso führt zu hohe Bodenacidität (SCHANDER u. SCHWEIZER 1925, QUANJER 1916) und zu hohe Bodenalkalität (QUANJER 1916), Überdüngung mit Kalisalzen (HILTNER 1911, 1918; QUANJER 1916), Bodenverkrustung und Auspflanzen in nassen Boden (SCHANDER 1925), Einwirkung niedriger Temperaturen (WARTENBERG 1929) sowie Witterungsungunst in der Hauptvegetationszeit (LASKE 1928, 1929) zu einem mehr oder weniger ausgeprägten Blattrollen. Es können dabei Habitusbilder entstehen, die auffallend an die Blattrollkrankheit erinnern. Ein wesentlicher Unterschied besteht aber darin, daß die Symptome nur so lange erhalten bleiben, wie die auslösenden Bedingungen fortdauern. So verschwindet das durch Trockenheit bedingte Blattrollen wieder, wenn Regen eintritt, das „Säurerollen" bei Kalkzufuhr usw. Ebenso kehren die Rollerscheinungen im Nachbau — vorausgesetzt, daß dieser unter normalen Verhältnissen aufwächst — nicht wieder.

Über einen interessanten Fall ökologisch bedingten Blattrollens berichtet neuerdings LASKE (1928, 1929): Er beobachtete im Jahre 1921 in der Provinz Schlesien an der Sorte „Model" Habitusveränderungen, wie sie für die Blattrollkrankheit typisch sind. Es konnte sich aber nicht um diese handeln, da die Pflanzen keine akute Phloëmnekrose erkennen ließen und sich die aus einigen Exemplaren hervorgegangene Nachkommenschaft in den folgenden Jahren als vollständig gesund erwies. Im Jahre 1928 wiederholte sich nun an derselben Sorte, und zwar unabhängig von der Herkunft des Pflanzgutes, das Schauspiel von 1921. Diese zunächst überraschende Beobachtung fand ihre Erklärung, als LASKE die meteorologischen Verhältnisse der beiden Jahre verglich. Sowohl bezüglich der Niederschlagsmengen, als auch der Temperatur und der Sonnenscheindauer ergab sich, daß die Kartoffeln in beiden Jahren in ihrer Hauptvegetationszeit (d. h. 1928 etwa 1 Monat später als 1921) unter dem Einfluß der gleichen Witterungskonstellation gestanden hatten. Diese Konstellation sagt der Sorte „Model" offenbar nicht zu und veranlaßt sie zu den beobachteten Habitusveränderungen. Im Nachbau — bei optimalen Wachstumsbedingungen — nimmt sie dann wieder den normalen Wuchs an.

Es kommt allerdings auch vor, daß ökologisch bedingte Blattrollerscheinungen mit den Knollen auf die Nachkommenschaft übergehen. Wir haben es dann mit dem sogenannten Abbau zu tun, der auf dem Zusammenwirken ungünstiger Standortsfaktoren beruht. In diesem Falle bietet die Unterscheidung von der Blattrollkrankheit naturgemäß ganz besondere Schwierigkeiten, so daß es nicht wundernimmt, daß beide häufig miteinander verwechselt werden. Wir kommen auf diesen Punkt später noch ausführlich zurück.

Außer den beiden genannten gibt es noch eine dritte Gruppe von Blattrollerscheinungen, nämlich solche, die mit gewissen Viruskrankheiten verbunden sind. Hier sind allerdings die sonstigen Merkmale in der Regel so auffallend und charakteristisch, daß sie weniger leicht zu Verwechslungen mit der Blattrollkrankheit Anlaß geben. Am ehesten ist dies noch bei der von SCHANDER (1915) beschriebenen Bukettkrankheit möglich. Sie ist durch einen eigentümlich gedrungenen Wuchs gekennzeichnet, der an die sekundäre Form der Blattrollkrankheit erinnert, und wird wie diese mit den Knollen übertragen. Das Blattrollen ist jedoch nicht so ausgeprägt und kann sogar völlig fehlen. Der von QUANJER (1921) aufgestellte Typ des „Marginal leaf-roll" (Blattrandrollen) unterscheidet sich von der Blattrollkrankheit dadurch, daß nur die Blattränder gerollt und überdies etwas gewellt, die Blattstiele nicht aufgerichtet und die Phloëmstränge nicht nekrotisch sind. Bei dem von SCHULTZ u. FOLSOM (1923) erwähnten „Leaf-rolling mosaic" und dem von McINTOSH (1925) beschriebenen „Marginal leaf-rolling mosaic" handelt es sich um Formen, die Merkmale der Blattrollkrankheit bzw. des Blattrandrollens mit solchen des Mosaiks vereinigen. Man glaubt eine Kombination der beiden Krankheiten vor sich zu haben, wie sie in der Tat möglich und nach SCHULTZ u. FOLSOM, QUANJER u. a. sogar nicht selten sind. In diesen beiden Fällen sollen aber selbständige Typen vorliegen. Durch ihre Mosaiksymptome sind sie leicht von der Blattrollkrankheit zu unterscheiden. Dasselbe gilt von der Mosaikkrankheit selbst, der Kräuselkrankheit (crinkle) und der Strichelkrankheit (stipple-streak), bei denen es wohl zu Blattkräuselungen, aber nicht zu Blattrollungen kommt.

Wie sich aus unserer Übersicht ergibt, ist das Rollen der Blätter bei der Kartoffel ein sehr vieldeutiges Symptom. Um die ihm zugrunde liegende Krankheit zu diagnostizieren, muß man daher stets noch weitere Merkmale heranziehen. Man muß die gesamte Erscheinung der erkrankten Stauden und den Verlauf der Krankheit, häufig auch das Verhalten des Nachbaues berücksichtigen. In manchen Fällen ist es sogar erforderlich, die im folgenden zu besprechenden inneren Merkmale zu Hilfe zu nehmen.

III. Histologisches.

Angesichts der Schwierigkeit, blattrollkranke Pflanzen auf Grund ihres äußeren Habitus allein als solche zu erkennen, ist die Frage, ob sie nicht durch irgendwelche inneren, histologischen Merkmale charakterisiert sind, von besonderem Interesse.

In seiner ersten Schilderung der Krankheit schreibt APPEL (1907), daß die Knollen erkrankter Stöcke einen mehr oder weniger gelblichen Gefäßbündelring aufweisen. Später ergab sich aber, daß diese Verfärbung bei kranken Knollen fehlen und andererseits bei gesunden zuweilen vorkommen kann, und weiter, daß Knollen, die man nach der Beschaffenheit des Gefäßbündelringes als rollkrank ansprechen mußte, zum Teil gesunde und solche ohne Gefäßverfärbung zum Teil kranke Pflanzen lieferten. APPEL führt daher schon 1909 die Verfärbung nicht mehr unter den Symptomen der Blattrollkrankheit auf. Zu demselben Urteil kamen SPIECKERMANN, SCHANDER, QUANJER u. a. SPIECKERMANN (1908) bezeichnet geradezu die Abwesenheit der Verfärbung als Merkmal der eigentlichen Blattrollkrankheit. Sie hat in der Tat nichts mit dieser zu tun, sondern ist eine Eigentümlichkeit der Gefäßmykosen und -bakteriosen, die anfangs mit der Blattrollkrankheit zusammengeworfen wurden.

Erst QUANJER (1913) gelang es, ein charakteristisches histologisches Merkmal rollkranker Stauden ausfindig zu machen. Er beobachtete, daß die Phloëmstränge, namentlich im Stengel, eine von der normalen abweichende histologische Beschaffenheit haben, für die er den Ausdruck „Phloëmnekrose" prägte.

Das Wesen der Phloëmnekrose besteht in einer mehr oder weniger weitgehenden Desorganisation der beiden wichtigsten Phloëmelemente, der Siebröhren und Geleitzellen. Diese sind in der Querrichtung zusammengeschrumpft, ihre Lumina bis auf schmale, unregelmäßige Spalten oder gar vollständig verschwunden. Die Wandungen erscheinen verdickt und teilweise zusammengesintert. Die ursprünglichen Grenzen der Zellen sind nicht mehr erkennbar. Nur die Phloëmparenchymzellen haben ihre normale Form behalten, ja, sie heben sich von ihrer Umgebung oft deutlicher ab als im gesunden Phloëm. Hand in Hand mit der Schrumpfung der Siebröhren und Geleitzellen geht eine gelbliche bis schwach bräunliche Verfärbung und eine chemische Veränderung der Membran. Diese bzw. die aus ihnen hervorgegangene strukturlose Masse besteht nicht mehr aus reiner Zellulose, sondern ist mehr oder weniger „verholzt", wie die Rotfärbung mit Phloroglucin und Salzsäure beweist.

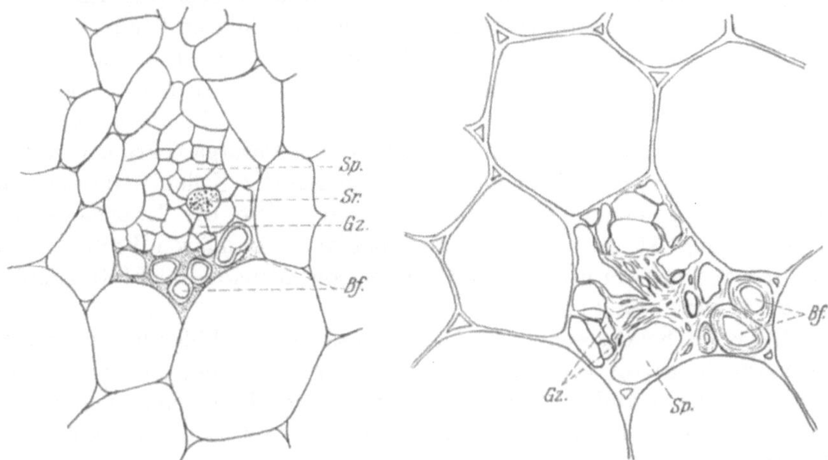

Abb. 5. Gesundes (links) und krankes Phloëm (rechts). *Sr.* Siebröhren, *Gz.* Geleitzellen, *Sp.* Siebparenchym, *Bf.* Bastfasern.

Durch die Schrumpfung und Verholzung wirken die kranken Phloëmpartien zerrend auf benachbarte Parenchymzellen, so daß diese häufig eine strahlige Anordnung zeigen.

Bezüglich der Entwicklung der Nekrose bemerkt QUANJER, daß sie in dem Teile des Phloëms beginnt, der den begleitenden Bastfasern am nächsten liegt. Es tritt zunächst eine leichte Membranquellung ein, die von einer Ecke ausgeht und sich allmählich über die ganzen Wandungen der Siebröhren und Geleitzellen ausdehnt. Im Anfangsstadium ist von einer Gelbfärbung noch nichts zu bemerken und eine Verholzung nicht nachweisbar. Beides stellt sich erst ein, wenn die Zellwände zusammengedrückt und der Inhalt bis auf geringe Reste verschwunden ist.

Was die Verteilung der Nekrose in der Pflanze betrifft, so ist sie nach QUANJER im Stengel und in den Blattstielen stets anzutreffen, während sie in den Stolonen, Knollen und Wurzeln vollständig fehlt. Vom Blattstiel aus läßt sie sich zuweilen noch bis in die Mittelrippen der Blättchen, nicht mehr dagegen bis in die Seitennerven und deren feinere Verzweigungen verfolgen. Im oberirdischen Teil des Stengels kommt die Nekrose sowohl im extraxylären als auch im intraxylären Phloëm vor. Im unterirdischen Stengel werden vorwiegend die in der primären Rinde, seltener die im sekundären Bast gelegenen Stränge betroffen. Faßt man einen bestimmten Stengelquerschnitt ins Auge, so sieht man neben und zwischen den nekrotischen mehr oder minder zahlreiche normalgebaute Stränge und bei den ersteren alle Stadien der Desorganisation von den ersten Anfängen bis zum völligen Kollabieren der Zellen. Die relative Anzahl der geschrumpften Phloëmstränge sowie die Intensität der Schrumpfung ist im allgemeinen — bei der sekundären Form — im unteren Stengel am größten und nimmt sowohl nach der Mutterknolle als auch nach den Blättern zu ab.

Die vorstehend geschilderte Desorganisation des Phloëms wurde von QUANJER in *allen* von ihm untersuchten rollkranken, nie aber in gesunden oder von anderen Krankheiten befallenen Pflanzen gefunden. Er bezeichnet sie daher als ein konstantes und spezifisches Merkmal der Blattrollkrankheit.

Die Befunde von QUANJER sind von verschiedenen Seiten nachgeprüft worden. Dabei bestätigte sich, daß nekrotische Veränderungen des Phloëms tatsächlich — vielleicht mit Ausnahme einiger amerikanischer Sorten (ARTSCHWAGER 1918) — eine regelmäßige Begleiterscheinung der Blattrollkrankheit sind. Meinungsverschiedenheiten aber ergaben sich darüber, ob sie auch ein spezifisches Merkmal derselben darstellen. Während JORDI (1913), SORAUER (1913), OORTWIJN BOTJES (1920), FOËX (1921), SCHULTZ u. FOLSOM (1923) u. a. der Ansicht von QUANJER beistimmten, machten andere hiergegen geltend, daß das Phloëm auch bei anderen Krankheiten nekrotisch sein könne. So fanden SCHANDER u. v. TIESENHAUSEN (1914) Phloëmnekrose auch in kräuselkranken, bukettkranken, von Phytophthora befallenen und unter Umständen — gegen die Zeit der Reife hin — sogar in gesunden, üppig entwickelten Stauden, ESMARCH (1919, 3) außerdem bei Schwarzbeinigkeit, Fußkrankheit und Alternaria, MURPHY (1923) und ARTSCHWAGER (1923) bei „streak-disease". SCHANDER u. v. TIESENHAUSEN halten die Phloëmnekrose daher für eine Erscheinung, die durch verschiedene Störungen der Blattfunktionen ausgelöst werden kann, ESMARCH für eine Alters- oder Reifeerscheinung, deren häufigeres und früheres Auftreten in kranken Pflanzen als ein Symptom der Notreife zu deuten sei.

Gegenüber all diesen Einwänden hat QUANJER (1916, 1921, 1923) seinen Standpunkt festgehalten und nur zugegeben, daß Phloëmnekrose gelegentlich auch — allerdings nur lokal begrenzt — bei „streak-disease" anzutreffen ist.

Diese gegensätzlichen Anschauungen lassen vermuten, daß die von den einzelnen Forschern unter dem Namen „Phloëmnekrose" beschriebene Erscheinung nichts Einheitliches ist, sondern mehrere, einander ähnliche und daher leicht miteinander zu verwechselnde Veränderungen des Phloëms umfaßt. Der erste, der die Widersprüche in dieser Weise zu lösen versuchte, war v. BREHMER (1923). Auf Grund seiner Untersuchungen an deutschem, holländischem und amerikanischem Material teilt er die Phloëmnekrose (von ihm „Leptomnekrose" genannt) auf in Nekrobiose, Nekrose und Obliteration.

Als Nekrobiose bezeichnet er eine fortschreitende Verquellung der Zellwände, die schließlich zum völligen Verschwinden des Lumens führt und sowohl die Siebröhren und Geleitzellen als auch die Parenchymzellen erfaßt. Die Quellmasse bleibt farblos und verhält sich mikrochemisch wie Zellulose. Im Unterschiede von der Nekrobiose beruht die Nekrose im Sinne v. BREHMERS nicht auf einer Verquellung der Membranen, sondern auf einem Zusammendrücken der abgestorbenen Siebröhren und Geleitzellen durch die benachbarten turgeszenten Zellen. Reste des Lumens in Form von Spalten bleiben zurück. Das nekrotische Gewebe nimmt früher oder später eine gelbe bis bräunliche Farbe an und verliert die Eigenschaften der Zellulose. Über die Natur der chemischen Veränderungen äußert sich v. BREHMER nicht ganz klar; doch scheint er das Vorhandensein von Lignin in Abrede zu stellen. Die Obliteration endlich ist dadurch gekennzeichnet, daß sämtliche Phloëmelemente mehr oder minder gleichmäßig verdickt und tangential oder radial zusammengedrückt und gestreckt sind. Das Lumen ist verengert, aber nicht spaltenförmig. Zu einer Gelbfärbung kommt es hier nicht. Sie entspricht der gleichnamigen Erscheinung bei dikotylen Holzgewächsen, geht jedoch wegen des einjährigen Charakters der Kartoffel nicht über das Anfangsstadium hinaus.

Was nun das Vorkommen dieser drei Nekroseformen betrifft, so behauptet v. BREHMER, daß Nekrobiosen und Obliterationen in gesunden und kranken Stauden zu finden, Nekrosen im engeren Sinne dagegen eine Eigentümlichkeit rollkranker Stauden sind. Das gelegentliche Auftreten von letzteren bei anderen Krankheiten führt er auf einen gleichzeitigen, aber latent bleibenden Befall mit Blattrollkrankheit zurück.

SCHANDER u. BIELERT (1928) unterscheiden, über v. BREHMER hinausgehend, vier voneinander unabhängige Formen, nämlich neben der Nekrobiose und Obliteration, die sie im wesentlichen ebenso wie v. BREHMER beurteilen, noch akute Nekrose und Altersnekrose.

Die beiden zuletzt genannten Formen stimmen in ihrem histologischen Aufbau überein, weichen aber sonst in mehrfacher Hinsicht voneinander ab. Die akuten Nekrosen geben mit Phloroglucin und Salzsäure sowie mit Mäules Reagens Lignin- und mit Millons Reagens Eiweißreaktion, während die Altersnekrosen beide vermissen lassen. Erstere beeinflussen das benachbarte Gewebe sowohl morphogen (Vergrößerung der umgebenden Parenchymzellen) als auch chemisch (Verholzung der Zellwandungen), letztere dagegen nicht. Weiter ist die akute Nekrose stets mit einer gelbbraunen Verfärbung verbunden, die Altersnekrose jedoch fast immer farblos. Endlich kommt erstere sowohl im primären als auch im sekundären Phloëm vor, während sich letztere auf die älteren Teile desselben beschränkt.

Die akute Nekrose ist nun nach SCHANDER u. BIELERT eine pathologische Erscheinung, die nur bei kranken Pflanzen anzutreffen ist. Sie fanden dieselbe zunächst stets bei rollkranken Pflanzen, wenn auch nicht immer in gleich starkem Ausmaße, außerdem aber in vielen Fällen bei „Gipfelrollern“ — hier meist in geringerer Zahl — und zuweilen bei rhizoctoniakranken Pflanzen. Dagegen wiesen gesunde Stauden keine akute Nekrose auf, ebensowenig durch Bodensäure zum Rollen gebrachte, von „Marginal leaf-roll“, Mosaik oder „crinkle“ befallene Stauden. Die Altersnekrose dagegen ist nach SCHANDER u. BIELERT keine pathologische, sondern eine Erscheinung, die bei kranken und bei gesunden Pflanzen vorkommen kann. Der Name bedeutet nicht, daß sie eine regelmäßige Begleiterscheinung des Alters ist — man sucht sie in reifenden Pflanzen und gerade in den ältesten Teilen derselben oft vergebens —, sondern nur, daß sie auf ältere Pflanzen beschränkt ist.

Mit dieser Aufteilung des Begriffs „Phloëmnekrose“ finden die Widersprüche in den Befunden der früheren Autoren ihre Erklärung. Sie beruhen darauf, daß die verschiedenen Formen derselben, vor allem die akute und die Altersnekrose, miteinander verwechselt worden sind. Mit welcher Form die Autoren es zu tun gehabt haben, läßt sich in einigen Fällen auf Grund der Angaben über das mikrochemische Verhalten der Nekrosen noch feststellen. So dürfte es sich bei QUANJER (1913), OORTWIJN BOTJES (1920), FOËX (1921), MURPHY (1923) und ARTSCHWAGER (1923), die ausdrücklich darauf hinweisen, daß die von ihnen beobachtete Phloëmnekrose mit Ligninreaktion verbunden ist, im wesentlichen um die akute Form gehandelt haben. Andererseits haben SCHANDER u. v. TIESENHAUSEN (1914) wohl meist eine der anderen Formen vor sich gehabt, da es ihnen „nie gelang, eine Verholzung des nekrotischen Phloëms, weder mit Phloroglucin und Salzsäure noch mit Neutralviolett nachzuweisen“.

Nehmen wir alle Untersuchungen, die sich auf die akute Form der Nekrose beziehen, zusammen, so ergibt sich, daß diese von der Mehrzahl der Autoren ausschließlich bei rollkranken und nur von einigen (Murphy, Artschwager, Schander u. Bielert) auch bei anderen Krankheiten gefunden wurde. Wie diese letzteren Befunde zu deuten sind, mag dahingestellt bleiben. Bei den nekrotischen „Gipfelrollern" von Schander u. Bielert könnte es sich um primär-blattrollkranke Stauden gehandelt haben. In anderen Fällen mögen die betreffenden Stauden gleichzeitig von der Blattrollkrankheit befallen, diese aber nicht sichtbar gewesen sein. Eine entscheidende Bedeutung kommt diesen Ausnahmen unseres Erachtens schon wegen ihrer Seltenheit nicht zu. Wir müssen uns also im wesentlichen auf den Standpunkt von Quanjer stellen, wonach die Nekrose des Phloëms in der akuten Form nicht nur ein konstantes, sondern auch ein spezifisches Merkmal der Blattrollkrankheit ist.

Im einzelnen ist die Phloëmnekrose — wir verstehen darunter im folgenden immer die akute Form derselben —, wie schon Murphy (1923) betont, je nach der Sorte und den äußeren Wachstumsbedingungen bald mehr, bald weniger ausgeprägt. Eingehende Untersuchungen über das Verhalten der Sorten haben neuerdings Laske u. Hochapfel (1931) durchgeführt. Nach ihnen sind die Nekrosen z. B. bei Alma, Centifolia, Silesia und Up to date zahlreicher und stärker verholzt, bei Model, Paul Krüger, Pepo und Phönix spärlicher und weniger verholzt. Außerdem bestehen Unterschiede in der Verteilung der Nekrosen auf inneres und äußeres Phloëm.

Sehen wir von diesen Sortenunterschieden ab, so gilt die Regel, daß das Phloëm in seiner Gesamtheit in den Teilen der Pflanze am stärksten nekrotisch ist, welche die äußeren Krankheitssymptome, vor allem die Rollung, Versteifung und Verfärbung der Blätter am ausgeprägtesten zeigen. Da die Symptome sich bei der sekundären Form der Blattrollkrankheit zuerst an den unteren Blättern bemerkbar machen, findet man die Nekrose hier bei beginnender Erkrankung nur im unteren Teil des Stengels, und erst später, wenn das Blattrollen nach oben fortschreitet, auch im mittleren und oberen Stengel, meist allerdings nicht in derselben Intensität wie unten. Die gerollten Blätter weisen besonders im Stiel oft aber auch in der Mittelrippe der Blättchen Nekrose auf; ihre Ausdehnung entspricht nach Artschwager dem Grade des Rollens.

Bei der primären Form der Blattrollkrankheit tritt die Phloëmnekrose nicht unten, sondern oben im Stengel zuerst auf. Das entspricht ja auch dem Verlauf der äußeren Krankheitssymptome. Sie ist hier aber im allgemeinen nicht so ausgeprägt wie bei der sekundären Form und nach Quanjer (1916) zuweilen, namentlich wenn die Erkrankung erst im Spätsommer eintritt, sogar so unbedeutend und infolge des Ausbleibens der Gelbfärbung so wenig auffallend, daß eine sichere Diagnose auf Grund des histologischen Befundes nicht möglich ist.

Eigenartig verhält sich nach LASKE u. HOCHAPFEL (1931) der primäre Typ der Sorte „Model". Neben Haupttrieben, die im oberen Teil Nekrosen aufwiesen, fanden sie auch solche ohne jede Nekrose oder mit Nekrosen an örtlich begrenzten anderen Stellen. In Fällen der letzten Art waren aber teilweise in den Seitentrieben Nekrosen zu bemerken. LASKE erklärt das so, daß die primäre Erkrankung nicht immer an der Spitze des Haupttriebes beginnt, sondern auch von einem Seitentriebe ausgehen kann. Die Nekrose zeigt sich dann zuerst in diesem und erst später im Haupttrieb, und hier wieder je nach der Insertion des Seitentriebes in verschiedener Höhe.

Was nun den Zeitpunkt betrifft, zu dem die Phloëmnekrose in Erscheinung tritt, so war QUANJER ursprünglich der Meinung, daß dieses stets vor dem Sichtbarwerden der äußeren Symptome geschieht. OORTWIJN BOTJES (1920) beobachtete die Nekrose dagegen erst dann, wenn „die Blätter oberhalb des geprüften Stengelteiles schon längere Zeit die äußeren Symptome zeigten". Ebenso fand MURPHY (1923) bei Beginn des Blattrollens weder im Stiel des Blattes noch in dem unterhalb gelegenen Teil des Stengels irgendwelche Spuren von Nekrose. SCHANDER u. BIELERT (1928) stellten zwar in einigen Fällen fest, daß die Nekrose auf das Erscheinen der ersten Symptome folgte, halten aber im allgemeinen dafür (S. 623), daß sie sich kurz vor dem Rollen der Blätter einstellt. Diese widersprechenden Ergebnisse mögen zum Teil damit zusammenhängen, daß die nekrotische Veränderung des Phloëms, wie SCHANDER u. BIELERT betonen, sehr schnell vor sich geht, so daß ihr Anfang zeitlich schwer genau zu fassen ist. Vielleicht aber ist der Zeitpunkt auch tatsächlich von Fall zu Fall verschieden und setzt die Nekrose — etwa je nach der Sorte — bald kurz vor, bald kurz nach dem Beginn des Blattrollens ein.

Über die Ursache der Phloëmnekrose haben die meisten Autoren sich nur unbestimmt ausgesprochen. QUANJER (1913) sieht in ihr die Folge „einer vielleicht nur sehr geringen physischen oder chemischen Störung der Zelle". SCHANDER u. v. TIESENHAUSEN (1914) führen sie auf Funktionsstörungen in den Blättern zurück, wobei sie darauf hinweisen, daß das Phloëm der Kartoffel gegen solche besonders empfindlich sein müsse, da sie in Tomatenstengeln, deren Blätter gerollt waren, ähnliche nekrotische Veränderungen nicht oder doch nur in geringem Umfange feststellen konnten. OORTWIJN BOTJES sucht die Ursache in Einflüssen, die außerhalb der betroffenen Zellen selbst liegen. SCHANDER u. BIELERT sprechen von „Nekrohormonen", die in den Blättern gebildet werden und längs der Phloëmstränge in den Stengel wandern sollen.

Eingehender hat sich erst SCHWEIZER (1930) mit der Entstehungsursache der Nekrose beschäftigt. Er stellte zunächst fest, daß nekrotische Phloëmstränge mit Guajak oder a-Naphthol und Wasserstoffsuperoxyd keine Reaktion geben und schloß daraus, daß in ihnen ein normalerweise vorhandener oxydierender Körper, wie z. B. Leptomin, fehlen oder unwirksam geworden sein müsse. Da nun andere Untersuchungen ergeben hatten, daß rollkranke Pflanzen sehr eiweißarm sind, versuchte SCHWEIZER, durch Applikation von Substanzen, welche dem Oxydationsvorgang entgegenwirken und gleichzeitig die Eiweißstoffe ausfällen (Gerbstofflösungen mit Spuren von $CuSO_4$), an gesunden Pflanzen künstlich Nekrosen hervorzurufen. Das Phloëm der behandelten Pflanzen ließ in der Tat nach mehreren Wochen Degenerationserscheinungen erkennen, die im mikroskopischen Bilde nicht von akuten Nekrosen zu unterscheiden waren. Diese „Pseudonekrosen" stimmen auch mikrochemisch mit den akuten Nekrosen vollständig überein, färben sich beide allmählich gelbbraun und üben den gleichen morphogenen Einfluß auf ihre Umgebung aus. Es handelt sich demnach in beiden Fällen um dieselbe Erscheinung, der die gleichen Ursachen zugrunde liegen müssen. SCHWEIZER sucht diese in erster Linie in einem (natürlichen bzw. künstlich hervorgerufenen) Mangel an Eiweißstoffen. Dadurch soll das Leptomin — möglicherweise auch noch andere, für die Funktion der Siebröhren unentbehrliche enzymartige Stoffe — geschädigt werden, so daß zellwandlösende und koagulierende Enzyme, vor allem Zytasen, in den Vordergrund treten. Eine Stütze für seine Ansicht findet SCHWEIZER darin, daß gerade die Siebröhren kranker Pflanzen während der ganzen Vegetationsperiode arm an Eiweißstoffen sind, und daß bei Injektion von Eiweißlösungen nicht nur die äußeren Symptome verschwinden, sondern auch die weitere Ausbildung von Nekrosen (in den nachgewachsenen Trieben) unterbleibt.

Die Untersuchungen von SCHWEIZER haben uns dem Verständnis der Phloëmnekrose wesentlich nähergebracht, wenn auch noch nicht alle Einzelheiten geklärt sind. Sie steht jedenfalls mit den Stoffwechselstörungen, welche die Blattrollkrankheit charakterisieren, in engstem Zusammenhang.

Im Anschluß an die Phloëmnekrose sei noch einer histologischen Anomalie der Knolle Erwähnung getan, die von amerikanischen Forschern mit der Blattrollkrankheit in Verbindung gebracht wird, nämlich der Netznekrose. Man versteht darunter das Auftreten netzartiger, braun-schwarzer Streifen und Flecken im Fleisch der Knolle, das dann oft von harter Konsistenz ist. Sitz der Verfärbung sind die Gefäßbündel, und zwar nicht das Xylem, wie bei den Welkekrankheiten, sondern das Phloëm. Ob diese Desorganisation des Phloëms mit der akuten Nekrose der oberirdischen Teile identisch oder verwandt ist, muß dahingestellt bleiben, da die Autoren keine näheren Angaben über die morphologischen und mikrochemischen Eigenschaften der Netznekrose machen. Ein bedeutsamer Unterschied besteht insofern, als letztere bei der Ernte der Kartoffeln noch nicht oder kaum sichtbar ist und sich erst während des Winters im Lager entwickelt. (Mit der „Frostnekrose" hat die Erscheinung nichts zu tun, da sie nach SCHULTZ u. FOLSOM [1921] auch bei Temperaturen über dem Nullpunkt auftritt.) Die Amerikaner fanden die Netznekrose nur bei rollkranken

Stauden. Ihr Vorkommen beschränkt sich aber auf bestimmte Sorten (z. B. „Green Mountain") und ist auch bei diesen nicht immer anzutreffen. Im übrigen ist der Befall um so größer, je stärker rollkrank die Pflanze ist. Deshalb werden beide Erscheinungen auf dieselbe Ursache zurückgeführt. Hiergegen ist vor allem einzuwenden, daß die Netznekrose sich nicht mit derselben Regelmäßigkeit auf die Nachkommenschaft überträgt wie die Blattrollkrankheit. Nach ORTON (1921) ist das nur bei bestimmten Sorten und nach SCHULTZ u. FOLSOM (1921) sogar nur bei einzelnen Stämmen derselben der Fall. Um diese Tatsache zu erklären, müßte man die Hilfshypothese aufstellen, daß das Blattrollvirus nur unter bestimmten Bedingungen (Sorte, individuelle Disposition) Netznekrose hervorzurufen vermag. Bei europäischen Sorten hat man Netznekrose in Verbindung mit Blattrollkrankheit überhaupt noch nicht beobachtet und auch experimentell nicht erzeugen können. ELZE u. QUANJER (1929) legten gesunde Knollen von „Green Mountain" und holländischen Sorten neben rollkranken Knollen holländischer Sorten aus und stellten fest, daß die Blattrollkrankheit in gleicher Weise auf die holländischen und die amerikanischen Stauden übertragen wurde, Netznekrose aber nur bei letzteren in Erscheinung trat.

Von der Phloëmnekrose abgesehen, bestehen zwischen rollkranken und gesunden Pflanzen keine wesentlichen histologischen Unterschiede. Ihre ober- und unterirdischen Organe stimmen sowohl in der histologischen Gliederung wie in der Beschaffenheit der einzelnen Gewebe und ihrer Elemente überein. Auch die Größenverhältnisse lassen, sofern man unter gleichen Bedingungen aufgewachsene und gleichaltrige Pflanzen vergleicht, keine durchgreifenden Verschiedenheiten erkennen. MURPHY (1923) gibt allerdings an, daß das Schwammparenchym bei gerollten Blättern relativ dicker ist als bei gesunden, d. h. bei ersteren 57—74%, bei letzteren jedoch nur 47—54% der Gesamtdicke ausmacht, und außerdem aus rundlicheren Zellen und engeren Interzellularen besteht. Nach unserer Ansicht kann es sich hier aber nur um einen, auf die von MURPHY untersuchten Sorten beschränkten Sonderfall handeln. Unsere eigenen, an gesunden und kranken Stauden verschiedener Sorten und Altersstadien vorgenommenen Untersuchungen (1919, 2), die sich auf die Zahl und Größe der verschiedensten Gewebeelemente bezogen, ergaben keine charakteristischen Unterschiede. Sämtliche Werte erwiesen sich als mehr oder weniger variabel, nicht nur bei verschiedenen Individuen, sondern auch an verschiedenen Teilen ein und derselben Pflanze, so daß sich brauchbare Durchschnittswerte nicht errechnen ließen; auch die Variationsbreite war ungefähr dieselbe. Wenn rollkranke Pflanzen in allen Teilen kleiner sind als gesunde, so beruht das also, wie bei Hungerindividuen, nicht auf einer Verminderung der Zellengröße, sondern der Zellenzahl.

IV. Physiologie.

Die Wachstumsanomalien, welche das äußere Krankheitsbild kennzeichnen, und die mit ihnen verbundenen histologischen Veränderungen (Phloëmnekrose) lassen vermuten, daß die Stoffwechselvorgänge in kranken Pflanzen anders verlaufen als in gesunden. Daher hat man von jeher der Physiologie der Blattrollkrankheit besonderes Interesse entgegengebracht.

Die ersten Untersuchungen darüber finden wir bei einigen älteren Autoren, welche die Krankheit als eine „physiologische" auffaßten. Durch vergleichende chemische Analyse gesunder und kranker Pflanzen bzw. Pflanzenteile (Knollen) hofften sie, der Ursache der Krankheit auf die Spur zu kommen. So stellte SORAUER (1908) fest, daß kranke Knollen stärkeärmer sind, weniger Trockensubstanz und mehr Kali enthalten, und daß in ihnen das normale Gleichgewicht zwischen Oxydasen und Antioxydasen zugunsten der ersteren verschoben ist, und gründete darauf seine „Enzymtheorie", die später in Befunden von DOBY (1911—1912) eine Stütze zu finden schien. Diese Knollenanalysen müssen aber heute als anfechtbar bezeichnet werden, weil sie nicht an zweifellos rollkrankem Material vorgenommen wurden.

Zuverlässiger sind die Untersuchungsergebnisse von SPIECKERMANN (1911). Er prüfte zu verschiedenen Zeitpunkten aufgenommene kranke und gesunde Pflanzen, und zwar sowohl die Mutterknollen als auch die oberirdischen Teile, auf Trockensubstanz, Asche- und Stickstoffgehalt und fand, daß die kranken Stauden Salze und Stickstoffverbindungen der Mutterknolle langsamer entziehen und sie auch langsamer aus den oberirdischen Teilen wieder ableiten.

Damit war eine wichtige physiologische Eigentümlichkeit der Blattrollkrankheit, die Störung der Stoffwanderung aufgedeckt und gleichzeitig die Richtung angedeutet, in der sich die weitere Erforschung des Stoffwechsels bewegen mußte. Bis dies geschah, verging aber beinahe ein Jahrzehnt. Erst mit der Entdeckung der „Stärkeschoppung" im Jahre 1919 kamen die physiologischen Fragen wieder in Fluß. In der Folge hat man dann eine ganze Reihe von Stoffwechselstörungen als für die Blattrollkrankheit charakteristisch erkannt.

1. Kohlehydrat-Stoffwechsel.

Das hervorstechendste Merkmal des Kohlehydratstoffwechsels ist die sogenannte „Stärkeschoppung" in den Blättern, die 1919 gleichzeitig und unabhängig voneinander durch NEGER, QUANJER und ESMARCH festgestellt wurde. Alle drei verglichen den Stärkegehalt kranker und gesunder Blätter nach erfolgter Verdunkelung mit Hilfe der SACHSschen Jodprobe und beobachteten, daß erstere ihre Stärke viel langsamer abgaben als letztere. In den Versuchen von NEGER (1919), der abgeschnittene und in Wasser gestellte Blätter und Sprosse verwendete, erwiesen sich gesunde Blätter in der Regel nach etwa 12 Stunden als stärkefrei, während gerollte noch nach 3—6 Tagen ganz oder doch zum größten Teil mit Stärke gefüllt waren (vgl. Abb. 6). Ebenso fand QUANJER (1919), daß gesunde Blätter die im Laufe des Tages gespeicherte Stärke bis zum folgenden Morgen vollständig abgeleitet hatten, kranke aber noch voll davon waren.

ESMARCH (1919, 1) stellte zunächst fest, daß die Stärkeableitung (der eigentlich nicht richtige Ausdruck mag der Kürze halber beibehalten werden) bei gesunden Blättern durchaus nicht immer in einer Nacht beendet ist, sondern oft viel länger — bis zu $4^1/_2$ Tagen — dauert. Maßgebend hierfür sind in erster Linie das Alter der Blätter — die Ableitung

Abb. 6. Verhalten kranker und gesunder Blätter bei der Jodprobe. Nach NEGER (1919.) *a* 12 Uhr mittags, *b* nach 6 Stunden, *c* nach 24 Stunden, *d* nach 3 × 24 Stunden. Jeweils links krankes, rechts gesundes Blättchen.

geht um so schneller vor sich, je jünger das Blatt ist —, daneben aber auch äußere Bedingungen, wie Temperatur, Beleuchtung usw. Um zu einwandfreien Ergebnissen zu kommen, müssen daher die zu vergleichenden Blätter Pflanzen entnommen werden, die unter gleichen Bedingungen wachsen, und außerdem gleichaltrig und gleichbeleuchtet sein. Die in dieser Weise durchgeführten Versuche ergaben folgendes: Die Entstärkung der gesunden Blätter war nach 19—68 stündiger Verdunkelung beendet. Ältere Blätter kranker Pflanzen erwiesen sich auch nach 6—8 Tagen, zum Teil selbst nach 12 Tagen, noch als ganz mit

Stärke gefüllt; nur die Nerven hatten zuweilen einen Teil davon abgeleitet. Jüngere gerollte Blätter hielten die Stärke nicht ganz solange fest, wurden aber doch nur selten völlig entstärkt. Bemerkenswert ist, daß auch noch nicht gerollte Blätter kranker Pflanzen oft schon eine deutliche Hemmung der Stärkeableitung zeigten. Zwischen dem Eintritt der Stärkeschoppung und dem Beginn des Blattrollens können mehrere Tage liegen.

Von dem Unterschied im Tempo abgesehen, erfolgt die Ableitung der Stärke aus rollkranken Blättern, wenn überhaupt, prinzipiell in derselben Weise wie aus gesunden Blättern: Es wird zuerst das Mesophyll entleert, wobei in den Nerven vorübergehend eine geringe Anreicherung an Stärke eintritt. Erst später verschwindet die Stärke auch aus den Nerven. Im Mesophyll geben bald die an der Spitze und am Rande, bald die in der Nähe des Blattgrundes gelegenen Teile die Stärke zuerst ab, meist aber entstehen an beliebigen Stellen stärkefreie Flecken, die sich vergrößern und zusammenfließen, bis sie die ganze Fläche einnehmen.

Die Stärkeschoppung ist in der Folge wiederholt (so von Oortwijn Botjes 1920, Murphy 1921, 1923, Schander u. Bielert 1928 und Thung 1928) bestätigt worden. Sowohl Oortwijn Botjes als auch Murphy weisen darauf hin, daß die Stärkeschoppung sich schon geltend macht, wenn die äußeren Krankheitssymptome noch nicht oder kaum sichtbar sind. Ersterer hebt außerdem hervor, daß die Stärkeableitung im Frühsommer schneller verläuft als im Spätsommer und in feuchten, kühlen Jahren langsamer als in trockenen und warmen. Nach Murphy ist die Schoppung bei sekundärkranken Pflanzen in den unteren, bei primärkranken in den oberen Blättern am stärksten. Er konnte sie bei sämtlichen von ihm untersuchten (40) Sorten feststellen. Von den Blättchen ein und desselben Blattes wird nach ihm bei Verdunkelung zuerst das endständige unpaarige, dann die paarigen Blättchen in basipetaler Reihenfolge entstärkt. Thung (1928) bediente sich nicht der Jodprobe, sondern verglich die im Dunkeln eintretende Gewichtsverminderung der Blätter. Da diese nach Abzug des veratmeten Materials bei kranken Pflanzen geringer war, ergab sich auch hieraus eine Hemmung der Ableitung der Assimilate.

Die „Stärkeschoppung“ ist somit ein konstantes physiologisches Kennzeichen der Blattrollkrankheit. Wir fragen nun weiter: Ist sie gleichzeitig ein spezifisches Merkmal, d. h. kommt sie ausschließlich bei der Blattrollkrankheit oder auch bei anderen Krankheiten, insbesondere solchen, die ebenfalls mit Blattrollen verbunden sind, vor?

Nach Literaturangaben ist das in der Tat mehrfach beobachtet worden. So berichtet Hiltner (1918) über einen solchen Fall bei Pflanzen, die er als rollkrank ansprach, die aber, wie aus den Begleitumständen hervorgeht, in Wirklichkeit aus ökologischen Gründen, vermutlich infolge Phosphorsäuremangels, gerollt waren. Murphy (1923) stellte Stärkeschoppung bei schwarzbeinigen oder am Fuße beschädigten Stauden und sogar bei künstlich zum Rollen gebrachten gesunden Pflanzen fest. Quanjer (1923) erwähnt, daß die Stärkeableitung auch bei „Marginal leaf-roll" — in den gewellten Blatträndern — gehemmt ist. Ferner fand er bei zwei Formen des Mosaiks (Interveinal- und Aucuba-Mosaik) eine, allerdings nicht erhebliche Stärkeschoppung. SCHANDER u. BIELERT (1928) konnten im Gegensatz zu MURPHY bei Gipfelrollern, also fußkranken Stauden, wenigstens in den Blättern selbst, keine abnorme Stärkeanhäufung nachweisen. Ebensowenig war das bei Rhizoctoniabefall, Säurerollen, Bukettkrankheit, Mosaik, Kräuselkrankheit und „stipple-streak" der Fall. LASKE (1928) beobachtete eine Stärkeschoppung bei dem ökologisch bedingten Blattrollen der Sorte „Model" (s. S. 17), THUNG (1928) an Stauden, die von *Hypochnus* befallen waren, und an gesunden Blättern, an denen Einschnitte in den Stiel oder die Nerven angebracht waren.

Die Stärkeschoppung ist also nicht ausschließlich auf die Blattrollkrankheit beschränkt. Immerhin aber ist sie bei dieser am ausgeprägtesten und so allgemein verbreitet, daß man sie als ein charakteristisches Merkmal derselben bezeichnen und mit zur Diagnose heranziehen kann. Ihr Fehlen bei gerollten Kartoffelblättern ist jedenfalls stets ein Zeichen, daß es sich nicht um die Blattrollkrankheit handelt. Von hier aus ergibt sich z. B., daß die Arbeit von HIMMELBAUR (1912) sich nicht auf die Blattrollkrankheit beziehen kann; denn er bemerkt ausdrücklich, daß die gerollten Blätter bei der Jodprobe einen geringeren Stärkegehalt aufwiesen als gesunde.

Verschiedentlich hat man versucht, die Stärkeschoppung künstlich rückgängig zu machen bzw. die Stärkeableitung wieder in Gang zu bringen. NEGER (1919) gelang dies in der Weise, daß er rollkranke (aber noch nicht verfärbte) Sprosse günstigen Belichtungs- und Temperaturbedingungen aussetzte; die Stärke war nach 3 Tagen teilweise, nach 5 Tagen vollständig abgeleitet. Den gleichen Erfolg erzielte HILTNER (1919) durch Zufuhr von Kalisalzlösungen bestimmter Konzentration (z. B. 0,1—1% KCl). Seine Versuche sind aber nicht beweiskräftig, da er, wie bereits bemerkt, keine echte Blattrollkrankheit vor sich gehabt hat. Bei einer Nachprüfung derselben mit wirklich rollkranken Sprossen konnte OORTWIJN BOTJES (1920) keine Wiederaufnahme der Stärkeableitung erzielen. Ebensowenig gelang dies LUDEWIG (1926), der eine ganze Reihe verschiedener Salze in verschiedenen Konzentrationen verwendete. Einwandfreie positive Ergebnisse haben nur SCHWEIZER (1926) durch Injektion von Eiweißlösungen und SCHANDER (1930) durch Applikation von organischen und anorganischen Peroxyden bzw. Sauerstoffzufuhr erzielt.

Wie erklärt sich nun die Stärkeschoppung? Wenn man sich den normalen Verlauf der Stärkeableitung vergegenwärtigt, so ergeben sich a priori zwei Möglichkeiten: Entweder es kommt in den Blättern nicht oder doch nicht in genügendem Umfange zu einer Lösung bzw. Umwandlung der Stärke in Zucker, oder die Wege, auf denen letzterer sonst abwärts wandert, sind aus irgendeinem Grunde nicht gangbar.

Für die letztgenannte Auffassung hat sich QUANJER (1919) ausgesprochen. Die Stärkeschoppung ist nach ihm eine Folge der Phloëmnekrose; die Ableitung der Kohlehydrate aus den Blättern, die normalerweise, wenigstens zur Hauptsache, durch die Siebröhren erfolgt, muß stocken, wenn diese außer Funktion gesetzt sind. Eine völlige Sistierung der Zuckerwanderung tritt allerdings nicht ein. Sonst könnten kranke Pflanzen keine Knollen ansetzen und Stecklinge derselben sich nicht bewurzeln. Auch wäre die experimentell zu erzielende partielle Entstärkung der gerollten Blätter nicht zu verstehen. Beides ist darauf zurückzuführen, daß die Nekrose immer nur einen größeren oder kleineren Teil der Phloëmstränge erfaßt, so daß den Kohlehydraten, vielleicht unter Mitbenutzung des Parenchymgewebes, doch noch eine, wenn auch nur langsame, Abwärtsbewegung möglich ist.

Gegen diese Erklärung der Stärkeschoppung macht Oortwijn Botjes (1920) geltend, daß die Stärkeableitung bei noch nicht gerollten Blättern kranker Pflanzen schon deutlich gehemmt ist, wenn die zugehörigen Blattstiele noch keinerlei Anzeichen von Nekrose zeigen. Murphy (1923) wendet ein, daß bei Beginn des Blattrollens bzw. der Stärkeschoppung weder in den Stielen der betreffenden Blätter noch in den unterhalb der Ansatzstelle gelegenen Teilen des Stengels irgendwelche Spuren von Nekrose zu finden sind, und daß die Ausdehnung der Nekrose in kranken Pflanzen je nach der Sorte, Jahreszeit, Stärke der Erkrankung usw. sehr variabel und häufig nicht so groß ist, daß dadurch die Transportstockung verständlich würde. Sie kann also nicht die Ursache der Stärkeschoppung sein, wenn sie auch, einmal eingetreten, die Schwierigkeiten der Ableitung erhöhen mag.

Wenn die Quanjersche Auffassung nicht haltbar ist, muß die Stärkeschoppung auf im Blatte selbst lokalisierten oder von ihm ausgehenden Störungen chemischer Art beruhen. Der erste, der die Frage von dieser Seite aus zu lösen versuchte, war Neger (1919). Er geht davon aus, daß die Abwanderung der Assimilationsstärke die Gegenwart von Diastase erfordert. Die Bildung und Wirkung derselben ist von gewissen Bedingungen abhängig, sie setzt z. B. eine nicht zu niedrige Temperatur und die Gegenwart von Sauerstoff voraus. Dementsprechend beobachtete Neger — an gesunden Blättern —, daß die Stärkeableitung bei der Kartoffel überhaupt und bei den für die Blattrollkrankheit empfänglichen Sorten bzw. Stämmen insbesondere durch Abkühlung (auf 10° C) und durch Luftabschluß (Infiltration mit Wasser) mehr oder minder verzögert wird. Schon das deutet darauf hin, daß die Stärkeschoppung in rollkranken Blättern mit einer Störung der diastatischen Vorgänge zusammenhängt. Außerdem konnte Neger mit Hilfe der Infiltrationsmethode feststellen, daß die Bewegungen der Schließzellen, deren normaler Verlauf an das Vorhandensein wirksamer Diastase gebunden ist, bei kranken Blättern gehemmt sind. Sie öffnen ihre Spalten nie so weit wie gesunde. Da nun ein Mangel an Diastase nicht vorliegt — kranke

Blätter haben vielmehr einen höheren Diastasegehalt als gesunde —, kann es sich nur um eine Inaktivierung derselben handeln. NEGER führt sie auf Anhäufung von Spaltungsprodukten der Stärke (Zucker) zurück, die ihrerseits auf einer unzureichenden Versorgung mit gewissen Mineralstoffen (wie etwa Kalk) beruhen könnte.

Auch OORTWIJN BOTJES (1920) weist darauf hin, daß die Stärkeableitung von dem Gehalt der Blätter und des Stengels an Diastase und von der Gunst oder Ungunst der äußeren Bedingungen (Temperatur, Zutritt von Wasser und Luft, Gegenwart oder Abwesenheit anderer Fermente usw.) für deren Wirksamkeit abhänge. Daneben könne noch die Geschwindigkeit, mit der der abgeleitete Zucker in den Knollen wieder in Stärke zurückverwandelt wird, eine Rolle spielen.

Später hat sich SCHWEIZER (1926) erneut mit der Diastase rollkranker Blätter beschäftigt. Er bestätigte den Befund von NEGER, daß kranke Blätter stets wesentlich mehr Diastase enthalten als gesunde, und konnte weiter feststellen, daß diese in vitro amylolytisch wirksam ist. Damit ergab sich die Frage, ob die Tätigkeit der Diastase vielleicht durch Anhäufung von gewissen Stoffwechselprodukten, wie z. B. Zuckerarten, gehemmt wird. Wenn solche Einflüsse im Spiele sind, muß es — so schließt er — möglich sein, gesunde Pflanzen in den rollkranken Zustand zu versetzen bzw. Stärkeschoppung in ihren Blättern hervorzurufen, indem man ihnen Stoffe zuführt, welche die diastatische Wirkung hemmen (Glukose, Maltose), und andererseits die Stärkeschoppung kranker Pflanzen aufzuheben durch Stoffe, die die diastatische Wirkung fördern. Entsprechende Versuche, bei denen die Lösungen den Pflanzen mit Hilfe von Kapillarröhrchen in einer der untersten Blattachseln zugeführt wurden, ergaben jedoch keine positiven Resultate. Dagegen gelang es ihm, die Stärkeschoppung durch Applikation von Eiweißlösungen aufzuheben. Daraus ist zu schließen, daß die Stärkeschoppung irgendwie mit dem Eiweißstoffwechsel zusammenhängt. Bei weiteren Untersuchungen von SCHWEIZER (s. unten) stellte sich dann heraus, daß kranke Blätter arm an Eiweißstoffen sind. Da diese der Diastase gegenüber die Rolle von Schutzkolloiden spielen, muß Eiweißmangel eine Hemmung der diastatischen Wirkung und damit die Stärkeschoppung zur Folge haben.

Abweichend von NEGER und SCHWEIZER stellt THUNG (1928) eine geringere Wirksamkeit der Diastase in kranken Blättern in Abrede und führt die Schoppung auf ein Versagen der Ableitung selbst zurück. Er denkt dabei weniger an die Phloëmnekrose, die sich ja erst später einstellt, als vielmehr an gewisse von dem „Virus“ ausgehende Einflüsse (chemischer Art?). Der höhere Diastasegehalt ist nach seiner Ansicht erst eine Folge der Stärkeschoppung, indem eine Vermehrung des Substrates automatisch eine Steigerung der Enzymmenge nach sich zieht.

Es ist nicht ausgeschlossen, daß Funktionsstörungen der Leitungsbahnen an der Entstehung der Stärkeschoppung mitbeteiligt sind. Der unmittelbare Anlaß aber dürfte doch in einer Inaktivierung der Diastase zu suchen sein, die ihrerseits wieder mit anderen Stoffwechselstörungen zusammenhängt.

Die Stärkeschoppung ist nicht die einzige Eigentümlichkeit des Kohlehydratstoffwechsels rollkranker Pflanzen. Zunächst findet in den Blättern neben der Stärke- auch eine Zuckeranhäufung statt. Eine solche wurde schon von SCHACHT (1854) beobachtet, sofern wir dessen „kräuselkranke“ Stauden als rollkrank ansprechen dürfen. Einwandfrei ist sie zuerst von CAMPBELL (1925) und dann von THUNG (1928) nachgewiesen worden. Am eingehendsten hat sich SCHWEIZER (1930) mit der Frage beschäftigt. Er führte vergleichende Zuckerbestimmungen zu verschiedenen Zeitpunkten der Vegetation aus und fand, daß der Glukosegehalt von kranken Blättern stets höher war als von gesunden, und der Unterschied mit fortschreitender Vegetation immer größer wurde.

SCHWEIZER untersuchte auch Knollen gesunder und kranker Pflanzen von der Ernte bis gegen Ende des Winters. Hier war der Glukosegehalt anfangs fast derselbe, nahm aber vom Dezember ab bei den kranken Knollen allmählich zu[1]. Da nun letztere, wenn sie ausgepflanzt waren und gekeimt hatten, ihre Stärke viel langsamer verloren als gesunde, ergab sich eine bemerkenswerte Parallele zwischen Knollen und Blättern. Beide sind durch eine Anhäufung von Stärke und Zucker (Glukose) charakterisiert.

Die Tatsache der Glukoseanhäufung widerlegt die von MURPHY (1923) ausgesprochene Vermutung, daß die Stärkeschoppung auf einer erschwerten Mobilisierbarkeit der Stärke bzw. auf einem Mangel an löslichen Stoffen beruhe. Dagegen scheint sie auf den ersten Blick für die Annahme zu sprechen, daß der Stärkeschoppung eine hemmende Wirkung der angesammelten Glukose auf die Diastase zugrunde liege. Die lösende Kraft der Diastase nimmt bekanntlich in dem Maße ab, wie die Menge der hydrolytischen Spaltungsprodukte zunimmt; und gerade die Glukose hat sich neben der Maltose — allerdings erst von höheren Konzentrationen (10%) ab — als spezifisch hemmend erwiesen. Demgegenüber ist aber mit SCHWEIZER zu betonen, daß die Unterschiede zwischen gesunden und kranken Blättern bezüglich des Gehaltes an reduzierenden Zuckern doch verhältnismäßig gering sind, und vor allem, daß es, wie erwähnt, nicht möglich ist, durch Glukoseapplikation an gesunden Pflanzen künstlich Stärkeschoppung hervorzurufen.

Der Kohlehydratstoffwechsel kranker Pflanzen ist weiter durch eine Hemmung der Assimilation gekennzeichnet. Schon QUANJER (1913)

[1] Mit dem „Süßwerden“ der Kartoffeln unter dem Einfluß niedriger Temperaturen hat diese Erscheinung nichts zu tun. Die Zuckeranreicherung trat bei normaler Kellerlagerung ein.

spricht die Vermutung aus, daß das Chlorophyll (durch die sich in den Blättern anhäufenden Stickstoffverbindungen bzw. Mineralsalze) geschädigt werde. NEGER (1919) und MURPHY (1923) nehmen an, daß die Assimilation durch die Stärkeschoppung herabgesetzt wird. Experimentell geprüft wurde die Frage erst neuerdings durch SCHWEIZER und THUNG. SCHWEIZER (1926) konnte mit Hilfe der Bakterienreaktion feststellen, daß kranke Blätter keinen oder nur wenig Sauerstoff ausscheiden, die Assimilation also mehr oder weniger vollständig sistiert ist. Durch Applikation von Eiweißlösungen ließ sie sich, ebenso wie die Stärkeableitung, wieder in Gang bringen. Die Hemmung scheint demnach gleichfalls mit der Störung des Eiweißhaushaltes zusammenzuhängen.

THUNG (1928) bestimmte die Gewichtszunahme der Blätter gesunder und kranker, im gleichen Raum unter gleichen Bedingungen wachsender Pflanzen. Junge, noch nicht gerollte und noch keine Stärkeschoppung zeigende Blätter kranker Pflanzen vergrößerten ihr Gewicht in demselben Maße wie entsprechende Blätter gesunder Pflanzen; bei älteren dagegen, die ihre Stärke nicht mehr ableiten, war die Zunahme geringer (je Stunde und je Gramm Trockengewicht z. B. 31,7 mg bei gesunden und 24,6 mg bei kranken Pflanzen). Die Assimilation erfährt also erst mit dem Eintritt der Stärkeschoppung eine Reduktion.

Was nun die Gründe für diese Hemmung betrifft, so wirken wahrscheinlich verschiedene Faktoren zusammen. Zum Teil ist sie eine Folge der anormalen Anhäufung von Assimilaten bzw. der Stärkeschoppung, zum Teil auch wohl einer Schädigung des Chlorophylls. Daneben spielt der Umstand eine Rolle, daß kranke Blätter infolge ihrer größeren Dicke bei gleichem Gewicht eine geringere Belichtungsoberfläche haben als gesunde. Endlich ist es von entscheidender Bedeutung, daß ihre Spaltöffnungen, wie später dargelegt werden soll, großenteils geschlossen sind, wodurch die Kohlensäureeinfuhr herabgesetzt werden muß.

2. Eiweißstoffwechsel.

Der Eiweißstoffwechsel rollkranker Pflanzen hat erst neuerdings Beachtung gefunden.

LINDNER (1926) untersuchte „abgebaute" und gesunde Knollen auf ihren Gehalt an Eiweißstoffen und Amiden und kam zu dem Ergebnis, daß erstere relativ ärmer an Amiden sind. Da seine Versuche sich aber nicht speziell auf die Blattrollkrankheit beziehen und überdies von SCHANDER (1927, 12) nicht bestätigt werden konnten, dürfen sie hier übergangen werden.

Wertvoller sind die Befunde von SCHWEIZER (1926). Bei seinen oben erwähnten Versuchen, die Stärkeschoppung durch Injektion von Chemikalien rückgängig zu machen, kamen auch Stickstoffverbindungen zur

Anwendung. Nitrate und Ammonsalze, sowie Pepton und Aminoverbindungen erwiesen sich als ungeeignet. Dagegen führten Eiweiß-Pepsinlösungen und auch Eiweiß oder Pepsin allein zu einer Wiederaufnahme der Stärkeableitung. Gleichzeitig glätteten sich die vorher gerollten Blätter und verloren ihre lederartige Härte und steife Haltung. Sie behielten diesen Zustand auch nach Aussetzen der Applikation bei, waren also anscheinend „geheilt". Ebenso waren die später neugebildeten Seitentriebe — auch hinsichtlich der Beschaffenheit des Phloëms — gesund. SCHWEIZER schloß daraus, daß bei den kranken Pflanzen irgendeine Störung des Eiweißhaushaltes vorliegen müsse.

Damit ergab sich von selbst die Frage, wie der Eiweißstoffwechsel verläuft. SCHWEIZER (1930) verglich daher einmal kranke und gesunde Mutterknollen, die einige Zeit nach dem Auflaufen dem Boden entnommen waren, und sodann kranke und gesunde Blätter und Stengel in verschiedenen Entwicklungsstadien (Juni bis Oktober) auf ihren Gehalt an Eiweißstoffen, Aminosäuren, Nitraten usw.

Bezüglich der Mutterknollen ergab sich, daß die kranken noch viel Stärke, aber nur Spuren von Eiweiß und Aminosäuren enthielten. Gleichaltrige gesunde Knollen hingegen wiesen einen geringen Stärke- und einen höheren Eiweißgehalt auf. Die Mobilisierung und Abwanderung der Reservestoffe erfolgt also bei kranken und gesunden Knollen in verschiedener Weise. Ein Zurückbleiben von Salzen, insbesondere Nitraten in den kranken Mutterknollen konnte SCHWEIZER im Gegensatze zu SPIECKERMANN (1911) nicht feststellen. Was die oberirdischen Teile betrifft, so hatten die Blätter kranker Pflanzen einen höheren Aschengehalt. Die Unterschiede waren namentlich gegen Ende der Vegetation auffallend, weil der Aschengehalt bei gesunden Blättern dann wieder zurückgeht, bei kranken aber noch weiter zunimmt. Ebenso liegen die Verhältnisse bei den Stengeln, nur daß deren Aschengehalt absolut genommen geringer ist. Weiter zeigte sich, daß die oberirdischen Teile, vor allem die Blätter kranker Pflanzen bedeutend mehr Nitrate enthalten. Diese häufen sich im Laufe des Jahres in den kranken Blättern in solchem Maße an, daß ihr Nitratgehalt den des Stengels übertrifft. (Bei gesunden Pflanzen ist der Nitratgehalt des Stengels stets größer als der der Blätter.) Ebenso bedeutende, aber entgegengesetzt gerichtete Unterschiede stellte SCHWEIZER bezüglich des Eiweißgehaltes fest. Dieser war im Mai und Juni bei gesunden und kranken Blättern ungefähr gleich, ging aber im Laufe der Vegetation bei letzteren immer mehr zurück, um schließlich qualitativ überhaupt nicht mehr nachweisbar zu sein.

Der Eiweißstoffwechsel kranker Pflanzen ist demnach dadurch charakterisiert, daß die Blätter sich mit fortschreitender Vegetation mit Nitraten anreichern und gleichzeitig an Eiweißstoffen verarmen. Sie haben offenbar die Fähigkeit der Eiweißbildung bzw. der Umformung von Nitraten zu organischen Stickstoffverbindungen mehr oder weniger verloren. SCHWEIZER führt das darauf zurück, daß die Pflanzen in ihrer ersten Entwicklung infolge der schleppenden Hydrolyse der Reservestärke der Mutterknolle unter einem Mangel an Kohlehydraten leiden und daher das Chlorophylleiweiß mit zur Atmung verwenden. Dadurch erfährt das Chlorophyll oder dessen Stroma eine Schädigung, die sich schon äußerlich in einer helleren Blattfärbung zu erkennen gibt und sich in einer Herabsetzung der Eiweißbildung auswirkt. Die Schädigung ist anfangs reversibel; sie läßt sich, wie SCHWEIZER gezeigt hat, durch Eiweißinjektion wieder rückgängig machen, so daß der Eiweißgehalt wieder ansteigt, während die Nitrate (ebenso wie Stärke und Glukose) entsprechend abnehmen. Später, wenn die Blattfarbe gelblich-grün geworden ist, wird die Schädigung irreversibel.

Mit dem Eiweißmangel stehen die oben geschilderten Störungen des Kohlehydratstoffwechsels (Stärkeschoppung, Glukoseanhäufung, Assimilationshemmung) nach SCHWEIZER in engem Zusammenhang. Auch die Phloëmnekrose wird von ihm darauf zurückgeführt.

3. Atmung.

Schon DOBY (1911/1912), der in kranken Knollen mehr bzw. wirksamere Oxydasen, besonders Tyrosinase, gefunden hatte, behauptet, daß die Atmungstätigkeit kranker Pflanzen gesteigert ist. Zu demselben Ergebnis kam später THUNG (1928) bei seinen Untersuchungen über die Atmung der Blätter. Er bestimmte nach dem Verfahren von DELEANO die von abgeschnittenen und in Wasser getauchten oder auch von an der Pflanze belassenen Blättern je Stunde und je Gramm ursprünglicher Trockensubstanz abgeschiedene Kohlensäure und fand, daß kranke Blätter im Durchschnitt etwa 3 mg, gesunde nur 2,5 mg lieferten. Erstere atmen also lebhafter. Dieser Befund überrascht zunächst, da die Atmungsbedingungen für die kranken Blätter ungünstiger sind — sie haben bei gleichem Gewicht eine kleinere Oberfläche und öffnen ihre Spaltöffnungen nicht so weit wie gesunde —, läßt sich aber nach THUNG durch ihren höheren Stärkegehalt befriedigend erklären. Er stellt eine größere Wirksamkeit der Atmungsenzyme und ebenso der Enzyme, welche die Umwandlung der Stärke in Zucker bzw. gerbstoff- oder gummiartige Substanzen, also die Bildung des eigentlichen Atmungsmaterials, lenken, in Abrede, meint aber, daß möglicherweise die Atmung des Krankheitserregers (Virus) selbst Anteil an den gefundenen höheren Werten habe.

In Übereinstimmung mit THUNG konnte auch SCHANDER (1930) bei kranken Blättern eine abnorme Atmungsintensität nachweisen, die nach ihm „anscheinend die Folge einer irregulären stomatären Bewegung ist“.

4. Transpiration.

Das Rollen der Blätter, wie es rollkranken Pflanzen eigen ist, erinnert, wenn wir von der damit verbundenen Verhärtung des Gewebes absehen, an die Erscheinung des Welkens und legt die Frage nahe, ob auch hier eine Störung des Wasserhaushaltes vorliegt. Einige Forscher haben diesen Gedanken gestreift, ohne ihn aber klar auszusprechen. So verglich NEGER (1919) den Wassergehalt gesunder und kranker Blätter, indem er gleich große Stücke ausstanzte und das Frisch- und Trockengewicht der Scheibchen bestimmte. Es stellte sich heraus, daß kranke Blätter, auf die Flächeneinheit bezogen, weniger Wasser enthielten. Weiter beobachtete er, daß „rollkranke Blätter ihre Spaltöffnungen selbst bei hellem sonnigem Wetter lange nicht so weit öffnen als gesunde". Es hätte also der Schluß nahe gelegen, daß die Wasserbilanz verändert sein müsse. NEGER zog aber diesen Schluß ebensowenig wie THUNG (1928), der die gleiche Beobachtung machte. Nur CAMPBELL (1925), der bei kranken Pflanzen neben einem geringeren Wasser- einen höheren Zuckergehalt fand, spricht die Vermutung aus, daß der Transpirationsstrom verlangsamt sein könnte, da normalerweise hoher Zuckergehalt, genügende Bewässerung vorausgesetzt, mit hohem Wassergehalt zusammenfallen müsse.

Klar und bestimmt hat sich erst MERKENSCHLAGER (1929) dahin geäußert, daß „das Rollblatt durch eine veränderte Form der Wasserbilanz charakterisiert ist". Er überzeugte sich zunächst mit Hilfe der Gasdiffusionsmethode, wobei die Blätter unter einer Glocke der Einwirkung von Ammoniakdämpfen ausgesetzt werden, davon, daß die Zahl der geöffneten Spaltöffnungen bei kranken Blättern stark reduziert ist. Während gesunde Blätter durch das in die offenen Spalten eindringende Ammoniak in ihrer ganzen Ausdehnung eine schwärzliche Mortalfärbung annehmen, bleiben bei kranken Blättern größere Teile der Spreite unverfärbt.

Sodann verglich MERKENSCHLAGER die Transpiration in der Weise, daß er frische gesunde Blätter auf die eine und frische kranke Blätter auf die andere Seite einer Waage legte, so daß das Gesamtgewicht beiderseits gleich war, und dann beobachtete, wie sich der Gewichtsverlust durch Transpiration im Laufe der Zeit auswirkte. Es zeigte sich, daß anfangs die gesunden Blätter mehr Wasser verloren, daß sich dieses Verhältnis aber nach kürzerer oder längerer Zeit umkehrte, so daß die Waage nach der anderen Seite ausschlug. Der Umschlag trat auch in solchen Fällen ein, wo die Gesamtfläche der kranken Blätter weit kleiner war als die der gesunden. Die Wasserverluste standen also nicht mehr in proportionalem Verhältnis zu den Blattflächen. Dieses unterschiedliche Verhalten erklärt sich dadurch, daß die gesunden Blätter ihre Spalten während des Versuches nach einem bestimmten Wasserverlust regulatorisch schließen, die Spalten der kranken dagegen schon vorher zum großen Teile geschlossen und im übrigen nicht mehr in vollem Maße regulationsfähig sind.

Die verminderte Regulationsfähigkeit bzw. der dauernde Verschluß der Spaltöffnungen ist nach MERKENSCHLAGER durch Schädigungen der Schließzellen bedingt, die sich infolge einer anhaltenden Erschwerung der

Wasserbilanz in einem bestimmten Entwicklungsstadium des Blattes einstellen.

Wenn die Transpiration kranker Pflanzen gehemmt ist, wird auch die bekannte Erscheinung verständlich, daß sie bei trockener Witterung viel schwerer (in der Regel überhaupt nicht) welken als gesunde. Sie können eben mit dem ihnen zur Verfügung stehenden Wasser besser haushalten.

LASKE (1931) ist diesen Beziehungen experimentell nachgegangen. Er zog gesunde und kranke Pflanzen in gleichgroßen Töpfen, gab ihnen gleiche Wassermengen und stellte die Bewässerung ein, als die Pflanzen etwa 25—30 cm hoch geworden waren. Die Unterschiede der Verdunstungsflächen sind dann noch nicht groß und können vernachlässigt werden. Die gesunden Pflanzen zeigten nun nach einer gewissen Zeit das bekannte Bild des Welkens, wobei die Blätter sich in verschiedener Weise rollten. Die kranken Pflanzen aber blieben zunächst turgeszent und fingen erst nach einer durchschnittlich doppelt so langen Frist an, schwache Welkeerscheinungen zu zeigen. Die Blätter verloren allmählich ihre Straffheit und Härte, ohne aber ihre Form wesentlich zu ändern und völlig zu erschlaffen.

Die Hemmung der Transpiration bedeutet für die Pflanzen einerseits insofern einen Vorteil, als sie dadurch vor einem allzu starken Wasserverlust bewahrt bleiben. Andererseits muß sie die Aufnahme von Wasser und Salzen aus dem Boden und damit die ganze Ernährung ungünstig beeinflussen.

5. Schlußfolgerungen.

Der Stoffwechsel rollkranker Pflanzen ist zwar noch keineswegs vollständig geklärt. Doch lassen die vorliegenden Untersuchungen bereits klar erkennen, daß er in wesentlichen Punkten anders verläuft als in gesunden. Wir sind damit auch dem Verständnis der äußeren Krankheitssymptome ein gutes Stück nähergekommen. Die Anhäufung von Stärke und Glukose in den Blättern, die Hemmung der Assimilation und der Eiweißbildung, die Steigerung der Atmung und die Herabsetzung der Transpiration machen es, wenn uns die Zusammenhänge im einzelnen auch vielfach noch verborgen sind, verständlich, warum die rollkranken Pflanzen im Wachstum zurückbleiben, eine hellere Laubfärbung aufweisen und weniger Knollen mit geringerem Stärkegehalt ansetzen. Noch nicht ganz geklärt ist dagegen die Frage, wie das charakteristische Merkmal des Blattrollens zustande kommt.

NEGER (1919) spricht davon, daß das Blattrollen möglicherweise nichts anderes sei, als ein beginnendes Vertrocknen, also eine dem Welken gesunder Blätter analoge Erscheinung. Die Wasserarmut kranker Blätter und die mit dem Rollen Hand in Hand gehende allmähliche Vergilbung derselben würden für eine solche Deutung sprechen.

Eine verwandte Auffassung finden wir bei MERKENSCHLAGER (1929). Der Rollakt ist nach ihm das Resultat von Spannungsdifferenzen im Blatt, die durch Erschwerungen der Wasserbilanz hervorgerufen werden.

Das Auftreten derselben ist in dem anatomischen Bau und der Struktur des Blattes begründet: Das Schwammparenchym kann infolge seiner lockeren Beschaffenheit eine große Ausdehnung erfahren; außerdem sind die Zellen des Blattgrundes entwicklungsphysiologisch jünger als die der Blattspitze, wodurch von vornherein Spannungsfehler gegeben sind, die sich bei ungünstigen Wasserverhältnissen verstärken. Die Bedeutung der Blattstruktur kommt darin zum Ausdruck, daß die typischen Roller unter den Kartoffelsorten eine ganz bestimmte Blattform haben.

Bei seiner Erklärung des Rollaktes hat MERKENSCHLAGER nicht nur das Blattrollen rollkranker Pflanzen im Auge, sondern die Rollerscheinungen der Kartoffelblätter überhaupt, die er sämtlich als „unmittelbare Ausdrucksformen einer augenblicklichen Wassersnot" bezeichnet. Dann bleibt aber eine Besonderheit des ersteren unerklärt, nämlich die bei der Blattrollkrankheit mit dem Rollen verbundene Verhärtung des Gewebes. Gerade dieser Umstand deutet unseres Erachtens darauf hin, daß hier neben der Erschwerung der Wasserbilanz noch andere Faktoren mitsprechen.

QUANJER (1913) bringt das Blattrollen mit der Stärkeschoppung in Zusammenhang. Er geht davon aus, daß die Gefäße sich in der Nähe der Blattoberseite, die Siebröhren dagegen an der Unterseite verzweigen, und daß in den Mittel- und Seitennerven das oberhalb des Xylems befindliche Phloëm an Masse gegenüber dem unterhalb gelegenen bedeutend zurücktritt und in den feineren Nerven schließlich ganz verschwindet. Wenn nun die Abwärtsbewegung der Assimilate gehemmt ist, muß die Unterseite des Blattes sich dehnen, also ein Einrollen nach oben eintreten.

Die Möglichkeit, daß das Blattrollen mit der Stärkeschoppung zusammenhängt, wird auch von NEGER (1919) erörtert. Er schreibt: „Man könnte sich vorstellen, daß unter dem Einfluß der Stärkeanhäufung im Mesophyll ... das Wachstum der Zellen des Schwammparenchyms eine Förderung erfährt, was zu einer Zunahme dieses Gewebes in der Flächenrichtung, also einer Rollung des Blattes nach oben führen würde."

In ähnlichem Sinne spricht sich MURPHY (1923) aus: Die Anhäufung von Assimilaten bewirkt eine Ausdehnung des Schwammparenchyms nach unten und nach der Seite, während die Palisadenzellen dadurch nicht merklich beeinflußt werden. Da nun die beiden Schichten fest miteinander verbunden sind, muß — ähnlich wie bei Erwärmung eines aus zwei Metallen von verschiedenem Ausdehnungskoeffizienten bestehenden Streifens — eine Aufwärtsbewegung der Blattränder, d. h. eine Rollung, eintreten.

Diese Erklärung hat viel für sich. Sie trägt vor allem der Tatsache Rechnung, daß die Blätter rollkranker Pflanzen eine straffe turgeszente Beschaffenheit haben. Auch steht sie damit im Einklang, daß sich erst die Hemmung der Stärkeableitung und dann das Blattrollen einstellt.

Man kann gegen sie nur einwenden, daß es SCHWEIZER nicht gelang, durch Injektion von Glukose an gesunden Pflanzen Blattrollen hervorzurufen, während er andererseits durch Zufuhr von Eiweißlösungen vorhandene Rollungen rückgängig machen konnte. Hiernach scheinen an der Entstehung des Blattrollens noch Faktoren beteiligt zu sein, die sich bis jetzt unserer Kenntnis entziehen.

V. Übertragung.

Für die Übertragung der Blattrollkrankheit kommen verschiedene Möglichkeiten in Frage, die wir als natürliche und künstliche, d. h. nur experimentell zu verwirklichende, unterscheiden.

1. Natürliche Übertragung.

a) Übertragung durch Knollen.

Daß die Blattrollkrankheit mit den Knollen auf die Nachkommen übergeht oder, wie man vielfach unrichtigerweise sagt, „vererbt" wird, zeigten schon die Erfahrungen, die man bei dem ersten epidemischen Auftreten derselben (1905/1907) machen mußte. In den folgenden Jahren wurde das auch experimentell bestätigt (APPEL 1911) und dabei gleichzeitig erkannt, daß damit ein wichtiges Unterscheidungsmerkmal der Blattrollkrankheit von anderen Rollerscheinungen gefunden war (ORTON 1913, SCHANDER 1915, QUANJER 1916). Nach APPEL, WERTH u. SCHLUMBERGER (1910) entwickeln sich auch getrennt ausgepflanzte Kronen- und Nabelhälften, ja sogar einzelne Augen zu kranken Pflanzen. Ebenso wurde von QUANJER (1916), OORTWIJN BOTJES (1920) u. a. festgestellt, daß man durch beliebige Teilung einer kranken Knolle lauter kranke Pflanzen bekommt. Diese Beobachtung ist insofern von Bedeutung, als sich daraus die Möglichkeit ergibt, sich durch Knollenteilungen ein absolut gleichwertiges Ausgangsmaterial für Vergleichsversuche zu verschaffen. Ebenso gewinnen dadurch die Übertragungsversuche mit Knollenpfropfungen und -plantationen ihre Berechtigung.

Das Gesagte gilt nur für die gewöhnliche, sekundäre Form der Blattrollkrankheit. Die primäre Form wird als solche nicht übertragen. Aus den Knollen primär-kranker Stauden gehen vielmehr teils sekundärkranke, teils gesunde Pflanzen hervor. Ersteres ist, da die primäre Form das Anfangs-, die sekundäre das Folgestadium der Krankheit bezeichnet, selbstverständlich. Letzteres wird von den Anhängern der Virustheorie dadurch erklärt, daß das Virus unter Umständen nicht in alle Tochterknollen eindringt.

Ob bei sekundär-kranken Stauden eine natürliche Ausheilung, d. h. eine Gesundung im Nachbau, vorkommt, ist eine strittige Frage. Einige Literaturangaben scheinen dafür zu sprechen.

So beobachtete APPEL (1911), daß winzige Knollen schwer erkrankter Stöcke gesunde Pflanzen lieferten. HILTNER (1907) behauptet, daß es „Gegenden oder Bodenarten gibt, die für die Kartoffeln gewissermaßen Sanatorien darstellen". COTTON (1921) berichtet von einem Fall, wo ein aus Aberdeen nach Nordschottland verpflanzter kranker Stamm von „Up to date" gesund wurde; er steht ihm allerdings skeptisch gegenüber, da in anderen Fällen keine Erholung festzustellen war. GRAM (1923) erwähnt, daß ein kranker Stamm der Sorte „Magnum bonum" an bestimmten Orten Dänemarks im Laufe der Jahre mehr oder weniger gesundete. SCHANDER (1925, 3) schreibt, daß schwach befallene Stauden teilweise auch gesunde Nachkommen ergeben.

Wieweit diese Beobachtungen einer kritischen Prüfung standhalten — es könnten ihnen z. B. Verwechslungen mit anderen Krankheits-, insbesondere Abbauerscheinungen oder eine unbewußte Selektion aus nur partiell erkrankten Stämmen zugrunde liegen —, bleibe dahingestellt. An sich ist die Möglichkeit einer Gesundung unter bestimmten Außenbedingungen wohl kaum zu bestreiten; denn die letzteren können einerseits die Abwehrkräfte der Pflanze steigern, andererseits die Virulenz des Krankheitserregers abschwächen.

b) Übertragung durch Samen.

Aus Untersuchungen von SCHANDER u. KRAUSE (1911/1912) sowie von QUANJER (1916) schien hervorzugehen, daß die Blattrollkrankheit auch mit den Samen übertragen wird, also „erblich" im eigentlichen Sinne des Wortes ist. Diese Ansicht erwies sich aber in der Folge als irrig. QUANJER (1919) kam bei planmäßigen Kreuzungsversuchen zu folgenden Ergebnissen:

Nr.	Mutterpflanze	Vaterpflanze	Von 100 Samen aufgelaufen	krank	gesund
1	gesund	gesund	82	0	82
2	„	„	66	0	66
3	„	krank	60	0	60
4	„	„	57	0	57
5	krank	gesund	42	7	35
6	„	„	65	1	64
7	„	krank	43	3	40
8	„	„	41	2	39

Wie man sieht, waren die Sämlinge in den Fällen 1—4 sämtlich und in den Fällen 5—8 ganz überwiegend gesund. Soweit kranke Sämlinge gefunden wurden, steht ihre Zahl in keinem regelmäßigen Verhältnis zu der der gesunden Geschwister. Da dieses bei einer Vererbung der Krankheit der Fall sein müßte, spricht der Versuch gegen eine solche. Daß eine Übertragung durch die Samen in der Regel nicht erfolgt, erklärt QUANJER dadurch, daß zwischen dem Embryo und der Mutterpflanze keine Gefäßbündelverbindung besteht, so daß das von ihm postulierte Virus nicht in den Embryo einzudringen vermag. Wenn es ausnahmsweise doch zu einer Übertragung kommt, so soll das nach ihm darauf beruhen, daß an den Samen gelegentlich Reste des Fruchtfleisches haften bleiben, von denen dann eine Neuansteckung ausgeht. Uns dünkt es wahrscheinlicher, worauf QUANJER später (1921) selbst hinweist, daß die Neuansteckung in solchen Fällen durch Insekten vermittelt wird.

Auch ORTON (1913), OORTWIJN BOTJES (1920), BUTLER (1923), MURPHY u. MCKAY (1924, 1925), MCINTOSH (1925) und SCHAFFNIT (1927) sprechen sich gegen die Annahme einer Vererbung der Blattrollkrankheit aus[1].

c) Übertragung durch den Boden.

Eine Übertragung der Blattrollkrankheit durch den Boden wäre in der Weise denkbar, daß der „Krankheitserreger" mit den Resten der abgestorbenen Pflanzen in die Erde gelangt, hier kürzere oder längere Zeit ausharrt und später wieder in sich ihm darbietende Kartoffeln eindringt. Wenn das der Fall ist, müssen Knollen gesunder Abstammung auf befallen gewesenen, also „verseuchten" Feldern kranke Pflanzen ergeben. QUANJER (1916) berichtet von Versuchen, die für eine solche Übertragung auf die Nachfrucht sprechen und zu dem Schlusse führen, daß der „Erreger" der Blattrollkrankheit bis zu 5 Jahren im Erdboden virulent bleiben könne. Diese Annahme bestätigte sich aber bei weiteren Versuchen von QUANJER (1919) und OORTWIJN BOTJES (1920) nicht: Die Kartoffeln blieben selbst auf Feldern, die im Vorjahre kranke Pflanzen getragen hatten, völlig gesund. Ebenso verliefen Versuche von OORTWIJN BOTJES, den Boden künstlich durch Beimischung von Wurzel- oder Knollenteilen kranker Pflanzen oder durch Gießen mit „Ablaufwasser" von solchen zu verseuchen, ergebnislos. Er folgert daher, daß der Krankheitsstoff nicht in den Boden übergeht oder hier wenigstens nicht virulent bleibt; eine Gefährdung der Nachfrucht sei allenfalls dadurch möglich, daß er in etwa bei der Ernte zurückgelassenen Knollen milde Winter überdaure und sich von den hieraus entstandenen Pflanzen (volunteers) aus weiter verbreite.

WORTLEY (1918), MURPHY (1921), SCHULTZ u. FOLSOM (1923), SCHANDER (1924—28) und MCINTOSH (1925) lehnen gleichfalls die Möglichkeit einer Übertragung durch den Boden ab.

---

[1] Anmerkung b. d. Korrektur: Nach kürzlich veröffentlichten Versuchen von ELZE (1931, 3) scheint diese doch im Bereiche der Möglichkeit zu liegen. ELZE konnte nämlich durch Aufpfropfen von Sämlingen kranker Abstammung, die selbst völlig gesund erschienen, auch keine Stärkeschoppung und Phloëmnekrose zeigten, auf gesunde Pflanzen an diesen deutliche Krankheitssymptome hervorrufen. Die Sämlinge können also unter Umständen „carriers", d. h. symptomlose Träger des Krankheitskeimes, sein.

d) Übertragung durch Insekten.

Daß die Blattrollkrankheit durch Insekten übertragen werden kann, ist eine Erkenntnis jüngeren Datums, die wir in erster Linie holländischen, englischen und amerikanischen Forschern verdanken. Die Forschungen nahmen ihren Ausgang von der Beobachtung, daß gesunde Pflanzen, die in der Nähe von kranken gewachsen waren, vielfach kranke Nachkommen lieferten. QUANJER (1916) hatte je sieben Knollen gesunder Abstammung einerseits zwischen zwei Reihen kranker und andererseits zwischen zwei Reihen gesunder Pflanzen ausgelegt und beobachtete, daß erstere teilweise schon im ersten Jahre leichte Krankheitssymptome zeigten und sich im folgenden Jahre in der Mehrzahl (191 von insgesamt 209 Pflanzen) als sekundär-krank erwiesen, während die Kontrollpflanzen (210) bis auf sechs gesund waren. QUANJER folgert daraus, daß ursprünglich gesunde Pflanzen durch benachbarte, 1—2 m entfernte kranke Pflanzen angesteckt werden können, die Krankheit aber meist erst im Nachbau zutage tritt.

Diese „Nachbarinfektion" wurde bald durch MURPHY u. WORTLEY (1918) und später noch durch MURPHY (1921), OORTWIJN BOTJES (1920), SCHULTZ u. FOLSOM (1923), MURPHY u. MCKAY (1926, 3; 1927) u. a. bestätigt. MURPHY weist darauf hin, daß die Infektion sich bis zur fünften Reihe erstrecken kann und im übrigen je nach den örtlichen Verhältnissen und auch in den einzelnen Jahren verschieden weit geht und verschieden stark ist.

Um die Nachbarinfektion zu erklären, nahm QUANJER zunächst an, daß der Krankheitsstoff durch den Boden bzw. durch Wurzelberührung auf die Nachbarpflanzen übergeht. Diese Erklärung wurde aber bald in Frage gestellt. OORTWIJN BOTJES (1920) beobachtete auf einem Felde, das mit Knollen gesunder Abstammung bestellt war und dementsprechend lauter gesunde Stauden trug, im folgenden Jahre 2,5—5% sekundär-kranke Pflanzen. Dieses unvermittelte Auftreten der Krankheit befremdete um so mehr, als die Kartoffeln im Vorjahre nicht in unmittelbarer Nähe von kranken Stauden gestanden hatten und überdies ein kleiner, an anderer Stelle ausgepflanzter Teil desselben Saatgutes gesund geblieben war. Da eine Neuansteckung vom Boden aus ebensowenig in Frage kam, wie eine Verschleppung des Krankheitsstoffes, blieb keine andere Möglichkeit als anzunehmen, daß die Mutterpflanzen von einem weiter (8—56 m) entfernten kranken Bestande aus angesteckt, die Krankheit aber latent geblieben war. Dann konnte die Ansteckung jedoch nur durch die Luft, also etwa durch Vermittelung von Insekten, erfolgt sein. In der Folge gelangte OORTWIJN BOTJES in der Tat zu der Überzeugung, daß die Blattrollkrankheit durch Insekten, insbesondere Blattläuse, übertragen werden kann.

Der grundlegende Versuch, der zu dieser Erkenntnis führte, war folgender: In zwei „Vegetationshäuschen" wurden je vier Abteilungen A, B, C, D eingerichtet, die oberirdisch durch Insektengaze, unterirdisch durch Holzverschläge voneinander getrennt waren. Die Versuchspflanzen waren aus je acht Knollenvierteln gesunder Herkunft hervorgegangen. In die Abteilung A wurden im Laufe des Sommers wiederholt Wanzen (*Calocoris norvegica*), in die Abteilung C Blattläuse (*Aphis rumicis, Myzus persicae*) übergeführt, die auf rollkranken, durch Insektengaze isolierten Kartoffeln gezüchtet waren. In Abteilung B wurde den Pflanzen mittels Kapillarröhrchen Preßsaft von kranken Pflanzen injiziert, während D zur Kontrolle unbehandelt blieb. In der Abteilung C wurden schon im September desselben Jahres deutliche (primäre) Krankheitssymptome bemerkt. Von den Kontrollpflanzen waren zwei infolge mangelhafter Abdichtung stärker von Blattläusen befallen und mußten daher ausgeschieden werden. Im folgenden Jahre wurden sämtliche Knollen ausgepflanzt und ergaben folgendes Bild:

Abteilung	a		b		Summe	
	Gesamtzahl	krank	Gesamtzahl	krank	Gesamtzahl	krank
A	56	0	85	51	141	51
B	47	20	83	42	130	62
C	33	31	52	44	85	75
D	28	0	96	1	124	1

Die mit Blattläusen beschickten Pflanzen hatten also ganz überwiegend kranke Nachkommen geliefert, während der Nachbau der Kontrollpflanzen mit einer Ausnahme gesund war. OORTWIJN BOTJES zieht daraus den Schluß, daß die Blattrollkrankheit durch Blattläuse übertragen werden kann, indem diese mit dem Safte der kranken Pflanzen auch den Krankheitsstoff aufnehmen und ihn hernach gesunden Pflanzen einimpfen. Die Richtigkeit dieses Schlusses bestätigte sich, als der Versuch mit Blattläusen allein nochmals wiederholt wurde. Auch aus den Abteilungen A und B gingen eine Anzahl kranker Nachkommen hervor. Ob hier aber die Ansteckung auf die Wanzen bzw. den injizierten Preßsaft zurückzuführen ist, ist nicht ganz sicher, weil in beide Abteilungen trotz aller Vorsicht einige Blattläuse durch Ameisen eingeschleppt worden waren.

Mit dem Nachweis, daß Blattläuse als Überträger der Blattrollkrankheit fungieren können, wurde die von QUANJER und anderen beobachtete Ansteckung gesunder Nachbarpflanzen ohne weiteres verständlich. Sie beruht einfach darauf, daß Blattläuse von kranken Pflanzen auf diese hinüberwandern und sie mit ihren Stichen infizieren. Ebenso wurde es erklärlich, daß die Infektion unter Umständen auch weiter entfernte Pflanzen erfaßt. Denn die geflügelten Formen der Blattläuse können, namentlich mit Unterstützung des Windes, auch solche Abstände (es wurde eine Infektion noch bei 100 m entfernten Pflanzen beobachtet) überwinden und ihre ungeflügelten Formen passiv durch Menschen, Tiere, Geräte und dergleichen verschleppt werden.

Die Versuchsergebnisse von OORTWIJN BOTJES sind von verschiedenen Forschern (COTTON 1921, SCHULTZ u. FOLSOM 1921, KASAI 1921, QUANJER 1922, MURPHY 1923, WHITEHEAD 1924, ELZE 1927, SMITH 1929 u. a.) nachgeprüft und bestätigt worden.

Methodisch bemerkenswert sind die Untersuchungen von MURPHY und SCHULTZ u. FOLSOM. MURPHY (1923) bediente sich der Methode der „Keiminfektion", d. h. er brachte Blattläuse, die auf Keimen kranker Knollen gesaugt hatten, auf die Keime gesunder Knollen, tötete die Blattläuse nach einigen Wochen durch Räuchermittel ab und ließ dann die Keime sich unter sorgfältiger Isolierung zu Pflanzen weiterentwickeln. Die Methode hat den Vorzug, daß sie eine schnellere Beurteilung des Infektionserfolges gestattet — man braucht nicht erst das Verhalten des Nachbaues im zweiten Jahre abzuwarten —, gelingt aber nicht in allen Fällen. So verliefen z. B. entsprechende Versuche von MURPHY u. McKAY (1925) zum großen Teile ergebnislos.

SCHULTZ u. FOLSOM (1921) verfuhren in folgender Weise: Die aus Knollenhälften hervorgegangenen Versuchspflanzen wurden in zwei Gewächshausabteilungen unter Insektenkäfigen gezogen und in der einen mit Blattläusen (*Macrosiphum solanifolii*, in Amerika unter dem Namen „potato aphid“ bekannt und verbreitet) von rollkranken Kartoffeln, in der anderen mit solchen von Senfpflanzen beschickt. Nach einigen Wochen wurden die Blattläuse durch Tabakräucherungen abgetötet. Bei einem anderen Versuch wuchsen gesunde und kranke Pflanzen im Gewächshaus unbedeckt nebeneinander auf und wurden in der einen Abteilung die Blattläuse abgetötet, während sie sich in der anderen ungehindert vermehren und verbreiten konnten.

Die Mehrzahl der Untersuchungen wurde mit Blattläusen, einige aber auch mit anderen Insekten ausgeführt. MURPHY (1923) stellte fest, daß auch Wanzen (*Calocoris bipunctata*) und Zikaden (*Typhlocyba ulmi*) die Blattrollkrankheit zu übertragen vermögen. ELZE (1927) prüfte neun, an Kartoffeln (in Holland) häufiger zu findende Insektenarten daraufhin, nämlich die Blattlausarten *Myzus persicae* SULZ., *Myzus pseudosolani* THEOB., *Aphis rhamni* BOYER DE FONSC. und *Aphis fabae* (*rumicis*) SCOP., die Zikadenarten *Eupteryx auratus* LIV. und *Typhlocyba solani* FAB., eine Wanze (vermutlich *Lygus pratensis* L.), den Erdfloh *Psylliodes affinis* PAYK. und Schnakenlarven (*Tipula paludosa*). Die nach verschiedenen Methoden ausgeführten Versuche ergaben, daß alle geprüften Arten mit Ausnahme von *Typhlocyba solani* die Blattrollkrankheit zu übertragen vermögen. Am leichtesten gelang die Übertragung durch Blattläuse. Doch ergaben sich zwischen den einzelnen Arten einige Unterschiede. Besonders zahlreiche Erfolge wurden mit *Myzus persicae* und *Myzus pseudosolani* erzielt; etwas weniger häufig waren sie bei *Aphis rhamni*, und mit *Aphis fabae* trat nur in zwei von sieben Fällen eine Infektion ein. SMITH (1929) konnte eine Übertragung nur durch *Myzus persicae* erzielen. Auch MURPHY u. McKAY (1929) hatten vor allem mit dieser Blattlausart, seltener mit *Macrosiphum solanifolii* und *M. pseudosolani* Erfolg. In einer neueren Veröffentlichung bezeichnet ELZE (1931) *Myzus persicae* als praktisch wichtigsten Überträger, dem gegenüber andere Blattlausarten, wie *Aphis rhamni*, *Macrosiphum pseudosolani*, *M. solanifolii* und besonders *Aphis fabae* an Bedeutung zurücktreten. Ebenso scheinen andere saugende oder fressende oberirdische Insekten (Wanzen, Zikaden, Erdflöhe) eine geringere Rolle zu spielen. In welchem Maße bodenbewohnende Insekten, deren Fähigkeit zur Übertragung von ELZE (1927) erstmalig experimentell nachgewiesen wurde, praktisch an der Verbreitung der Blattrollkrankheit beteiligt sind, bedarf noch näherer Untersuchung.

Einen indirekten Beweis für die Bedeutung, die den Insekten als Überträgern der Blattrollkrankheit zukommt, bilden die von einigen Autoren (Oortwijn Botjes 1920, Cotton 1921, Whitehead 1925, Elze 1927) mitgeteilten Beobachtungen, nach denen zwischen dem Auftreten der Blattrollkrankheit und dem der übertragenden Insekten oft eine auffallende Parallelität besteht.

Im Gegensatz zu den übereinstimmenden Befunden englischer, holländischer, amerikanischer und japanischer Forscher konnte Schander (1924—1928) eine Übertragung der Blattrollkrankheit durch Insekten nicht erzielen. Er verwendete teils mit Gaze bespannte Kästen, unter denen mehrere Pflanzen Platz fanden, teils „Stülper", durch die Einzelpflanzen isoliert werden konnten, und beschickte jeweils eine Serie mit Blattläusen (Art?), eine andere mit Zikaden (*Eupteryx atropunctata* Goere), die auf typisch rollkranken Pflanzen gesaugt hatten, während eine dritte Serie unbehandelt blieb. Die Knollen gelangten dann im folgenden Jahre unter normalen Bedingungen zum Vergleichsanbau. Das Ergebnis aller Versuche war negativ, d. h. es zeigten sich weder bei den der Ansteckung ausgesetzten Pflanzen selbst, noch bei ihren Nachkommen Krankheitssymptome.

Dieses Mißlingen ist angesichts der zahlreichen positiven Ergebnisse anderer Autoren schwer verständlich. Vielleicht ist es auf die Versuchsmethodik zurückzuführen; auch Murphy (1921) hatte mit dem von Schander angewandten Verfahren, wenigstens bei Blattläusen, keinen Erfolg. Eine andere Möglichkeit wäre die, daß die von Schander geprüften Insektenarten, trotzdem sie an Kartoffeln vorkommen, nicht zu den Überträgern der Blattrollkrankheit gehören. Als solche kommen ja, wie die oben geschilderten Untersuchungen nichtdeutscher Autoren zeigen, nicht alle Blattlaus- und Zikadenarten in gleicher Weise in Betracht. Endlich wäre es denkbar, daß die deutschen Kartoffelsorten bezüglich der Übertragung an ganz andere, von Schander überhaupt nicht geprüfte Insektengruppen (Erdinsekten?) angepaßt sind.

Wie dem aber auch sei, keinesfalls können die Versuche von Schander die anderwärts mit den verschiedensten Sorten und Methoden erzielten positiven Ergebnisse widerlegen und, da eine Nachprüfung von anderer Seite bisher nicht erfolgt ist, ebensowenig beweisen, daß die Blattrollkrankheit sich hinsichtlich der Insektenübertragbarkeit etwa in Deutschland anders verhält als anderwärts. Es wäre unseres Erachtens eine der wichtigsten Aufgaben der deutschen Forschung, der Frage erneut und auf breiterer Basis nachzugehen.

e) Übertragung durch Berührung.

Auch die Möglichkeit, daß die Krankheit durch bloße Berührung der ober- oder unterirdischen Teile gesunder und kranker Pflanzen übertragen werden könnte, ist verschiedentlich geprüft worden. Schultz u. Folsom (1923) zogen gesunde und kranke Pflanzen unter „Insektenkäfigen" in der Weise nebeneinander, daß ihr Kraut sich teils berühren konnte, teils nicht; einige Käfige wurden außerdem mit Blattläusen beschickt. Es ergab sich, daß eine Übertragung bei Berührung allein nicht erfolgte.

Ebenso wird die Möglichkeit einer Infektion durch Berührung der Wurzeln von Schultz u. Folsom (1923), sowie Oortwijn Botjes (1920), Whitehead (1923) und McIntosh (1925) in Abrede gestellt. Die gegenteilige Ansicht wurde ursprünglich von Quanjer (1919) und später von v. d. Goot (1925) vertreten. Letzterer stützt sich auf Erfahrungen in Java, wonach in derselben Reihe stehende Nachbarpflanzen leichter angesteckt werden als solche in den angrenzenden Reihen. Dieser Unterschied tritt aber, wie aus Versuchen von Wellensiek (1929) hervorgeht, nicht immer in Erscheinung. Die Befunde von v. d. Goot dürften dadurch zu erklären sein, daß die Nachbarinfektion in seinem Falle durch Bodeninsekten vermittelt wurde, die sich wegen des lockereren Bodens innerhalb der Reihen leichter fortbewegen konnten als zwischen denselben. Ein Übergehen des Krankheitsstoffes von Wurzel zu Wurzel ist nach Oortwijn Botjes (1920) schon deshalb nicht anzunehmen, weil dieser selbst in verletzte Wurzeln nicht einzudringen vermag.

f) Übertragung durch Unkräuter.

Eine letzte Form der natürlichen Übertragung wäre die, daß die Blattrollkrankheit durch Vermittlung von Insekten auf gewisse Wildpflanzen bzw. andere Kulturpflanzen und von diesen wiederum auf die gleiche Weise auf Kartoffeln übergeht. Diese Möglichkeit wird von Quanjer (1921) diskutiert, da er die Krankheit durch Pfropfung rollkranker Triebe auf Tomaten und andere Solanaceen und durch Zurückpfropfen der Unterlagen wieder auf Kartoffeln übertragen konnte, wobei die „Zwischenwirte" allerdings keine oder doch nur undeutliche Krankheitssymptome zeigten. Auch Oortwijn Botjes (1920, 1925), Cotton (1921) und Schultz u. Folsom (1921) sprechen von der gleichen Möglichkeit und vermuten zum Teil Zwischenträger sogar in Unkräutern, die nicht zu den Solanaceen gehören. Ob eine solche Übertragung in der Natur tatsächlich vorkommt und praktisch von Belang ist, muß dahingestellt bleiben.

Fassen wir das Gesagte zusammen, so ergibt sich, daß die Blattrollkrankheit unter natürlichen Verhältnissen einmal mit den Knollen von Generation zu Generation und sodann durch Insekten von Pflanze zu Pflanze übertragen wird.

2. Künstliche Übertragung.

Ob und in welcher Weise die Blattrollkrankheit sich künstlich übertragen läßt, ist vor allem im Hinblick auf die Frage nach ihrem infektiösen Charakter von Bedeutung.

Sproß- und Keimpfropfung. Schon früh hat man versucht, die Blattrollkrankheit in der Weise auf gesunde Pflanzen zu übertragen, daß man kranke Sprosse auf gesunde Stöcke oder gesunde Sprosse auf kranke Stöcke pfropfte. Man ging dabei von der Erwägung aus, daß bei der Pfropfung eine innige Verwachsung der beiden Komponenten, insbesondere ihrer Leitungsbahnen eintritt, und daß infolgedessen, sofern die Krankheit durch einen „Krankheitsstoff" verursacht wird, ein Übergang desselben von der kranken auf die gesunde Komponente möglich sein muß. Die ersten Versuche dieser Art von SCHANDER (1910), APPEL (1911) und SCHANDER u. KRAUSE (1911) verliefen ergebnislos. Erst QUANJER (1916) gelang es, die Krankheit auf diese Weise zu übertragen. Er pfropfte „in den Spalt", d. h. der als Unterlage bestimmte Stengel wurde abgeschnitten, leicht gespalten und in den Spalt ein Gipfelsproß als Reis eingesetzt. Es wurden sowohl gesunde Stöcke mit kranken Sprossen, und zwar solchen, die sich erst im Anfangsstadium der Erkrankung befanden, als auch kranke Stöcke mit gesunden Sprossen gepfropft. Um die Verwachsung zu erleichtern wurden die Pflanzen zunächst einige Tage unter Glasglocken bei gedämpftem Licht gehalten und dann ins Freie gestellt. Im Laufe von etwa 6 Wochen breitete sich nun die Krankheit auf die gesunden Unterlagen bzw. Reiser aus, während die Kontrollpflanzen keine Veränderungen zeigten. In allen Fällen stimmte das Ergebnis der anatomischen Untersuchung auf Phloëmnekrose mit dem äußeren Befund überein. Ebenso erfolgreich verliefen entsprechende Keimpfropfungsversuche.

Die Befunde QUANJERs wurden von MURPHY u. MCKAY (1924; 1926, 5), sowie SCHULTZ u. FOLSOM (1921) bestätigt. Erstere hatten bei ihren Sproß- und Keimpfropfungen fast keine Versager und halten deshalb die Pfropfmethode für ein geeignetes Verfahren, um die Sortenanfälligkeit experimentell zu prüfen und gewisse Krankheitskombinationen (z. B. Blattroll und Mosaik) zu trennen.

SCHANDER (1924—1928) hat daraufhin seine Pfropfversuche nochmals wiederholt, ohne aber zu einem anderen Ergebnis zu kommen. Diese Mißerfolge überraschen um so mehr, als dasselbe Verfahren sich im Falle der Mosaikkrankheit auch bei SCHANDER (1927) bewährte. Möglicherweise spielen hier Eigentümlichkeiten der verwendeten Sorten oder die Art der Versuchsanstellung eine noch aufzuklärende Rolle.

Stengelplantation bzw. -ablaktation. Ein anderes, unseres Wissens nur von SCHANDER (1926, 6; 1927, 7) angewendetes Verfahren der künstlichen Übertragung besteht darin, daß die Stengel einer gesunden und einer kranken, nebeneinanderstehenden Pflanze in gleicher Höhe einseitig angeschnitten und die Schnittflächen zum Verwachsen gebracht werden. Nach einigen Wochen werden die inzwischen an dem gesunden Stengel neugebildeten Seitensprosse abgeschnitten und als Stecklinge weitergezogen und deren Knollen im folgenden Jahre ausgelegt. SCHANDER konnte in keinem Falle eine Übertragung feststellen.

Knollenplantation. Man hat weiter versucht, die Blattrollkrankheit durch Plantation von Knollen zu übertragen. Hierzu wählt man Knollen von möglichst gleicher Größe und Form, halbiert sie, legt die Schnittfläche je einer gesunden und kranken Hälfte, nachdem man letztere ihrer Augen beraubt hat, aufeinander und bindet sie mit Bindfaden oder dergleichen fest zusammen. Die beiden Stücke verwachsen, namentlich wenn man sie in feuchtwarmer Luft aufhebt (ATANASOFF 1924), leicht miteinander. Wenn nun die kranke Hälfte einen „Krankheitsstoff“ enthält, muß dieser in die gesunde Hälfte übertreten und die aus den Augen derselben hervorgehenden Triebe infizieren. Daß dies tatsächlich der Fall ist, wurde zuerst von QUANJER (1916) nachgewiesen. Er plantierte Knollenlängshälften von gesunder „Paul Krüger“ mit solchen von kranker „Magnum bonum“ und erhielt so lauter kranke Stauden.

Zu dem gleichen Ergebnis kamen SCHULTZ u. FOLSOM (1921, 1923) und KASAI (1921), die — um einen gegen die QUANJERschen Versuche möglichen Einwand zu entkräften — Vorsorge trafen, daß eine Infektion durch Insekten nicht eintreten konnte. Sie erzielten zum Teil in 100% der Fälle eine Übertragung. Weniger gute Erfahrungen machten MURPHY u. MCKAY (1926, 5) mit diesem Verfahren, was sie darauf zurückführen, daß die beiden Knollenhälften nicht immer genügend miteinander verwachsen. (THUNG [1928, 2] hält allerdings eine organische Verwachsung der Komponenten nicht für unbedingt erforderlich.)

Im Gegensatz zu den genannten Autoren hatte SCHANDER (1910, 1924—1928) mit Knollenplantationen keinen Erfolg, was zum Teil vielleicht darauf beruht, daß er nicht Längshälften, sondern Kronen- und Nabelhälften miteinander verband.

Knollenpfropfung. Besser als das eben beschriebene „plane-grafting“ bewährte sich bei MURPHY u. MCKAY (1926, 3 u. 5) das Verfahren des „core-grafting“. Der zu impfenden gesunden Knolle wird mittels eines Korkbohrers ein „Kern“ mit einem Auge entnommen und in die Höhlung ein entsprechendes, aber augenloses Stück einer kranken Knolle eingeführt. QUANJER (1916) konnte auf diesem und SCHANDER (1930) auf dem umgekehrten Wege (Pfropfung von gesunden Augen in kranke Knollen) keine Übertragung der Blattrollkrankheit erzielen.

Saftübertragung. Endlich sind noch Versuche gemacht worden ohne Herstellung einer organischen Verbindung zwischen kranken und gesunden Pflanzenteilen, lediglich durch mechanische Saftübertragung eine Infektion herbeizuführen. OORTWIJN BOTJES (1920) verfuhr in der Weise, daß er gesunden Pflanzen (vgl. Abteilung B des oben geschilderten Versuches) mit Preßsaft von kranken gefüllte Kapillarröhrchen in die Blattachseln steckte. Die Applikation erfolgte viermal im Laufe des Sommers. Eine der so behandelten Pflanzen zeigte schon im selben Jahre primäre Krankheitssymptome. Im folgenden Jahre erwies sich etwa die Hälfte sämtlicher Nachkommen als krank (vgl. S. 44). Ob aber der Erfolg der Saftinjektion zuzuschreiben ist, bezeichnet Verf. selbst als zweifelhaft, weil die betreffende Abteilung nicht ganz frei von Blattläusen geblieben war. Bei einer Wiederholung des Versuches war das Ergebnis negativ. Auch andere Methoden der Saftübertragung (Einreiben von angestochenen Blättern, durchschnittenen oder verletzten Knollen, von angestochenen Keimen oder von Wurzeln mit dem Saft kranker Pflanzen,

Aneinanderreiben gesunder und kranker Blätter) führten nicht oder nur ausnahmsweise zum Ziel.

Ebensowenig gelang es SCHULTZ u. FOLSOM (1923) mit der Methode der „leaf-mutilation", SCHANDER (1924, 1927, 1928) durch Injektion von Preßsaft und THUNG (1928, 2) durch Reiben einer gesunden mit einer kranken Knollenhälfte, die Krankheit zu übertragen. Nur KASAI (1921) will in einem Falle durch Einführung von Preßsaft Erfolg gehabt haben. Seine Beweisführung ist jedoch unvollständig, da er den Nachbau der angeblich infizierten Pflanze nicht geprüft hat.

Eine Infektion durch mechanische Saftübertragung scheint demnach bei der Blattrollkrankheit im Gegensatz zu manchen Mosaikkrankheiten nicht oder doch nur unter bestimmten, bisher nicht erforschten Voraussetzungen möglich zu sein.

Man könnte daraus einen Einwand gegen die Insektenübertragbarkeit ableiten und sagen: Wenn die künstliche Saftübertragung versagt, kann auch die natürliche nicht wirksam sein. Dieser Schluß ist aber unseres Erachtens nicht berechtigt. Die beiden Vorgänge lassen sich nicht ohne weiteres miteinander vergleichen. Bei der Herstellung des Preßsaftes kann die Virulenz des Krankheitsstoffes abgeschwächt oder ganz aufgehoben werden; insbesondere ist vielleicht, ähnlich wie beim Tabakmosaik, der Zusatz von Wasser nachteilig. Ferner ist es möglich, daß durch den Saugakt der Insekten der Krankheitsstoff sicherer erfaßt und besser an bestimmte Gewebe, die für die Ausbreitung desselben in der Pflanze sorgen (Siebröhren), herangebracht wird, als bei mechanischer Übertragung. Endlich besteht noch die Möglichkeit, daß der Krankheitsstoff im Körper des Insektes gewisse Wandlungen durchmachen muß, ohne die er nicht infektiös wirkt.

VI. Einfluß äußerer Faktoren auf die Krankheit.

Wie weit äußere Umstände, wie Klima, Witterung, Bodenbeschaffenheit usw., für das Auftreten der Blattrollkrankheit von Bedeutung sind, ist erst teilweise geklärt. Der Grund hierfür ist unseres Erachtens im wesentlichen in der Unzulänglichkeit der angewandten Methoden zu suchen. Die ökologischen Beobachtungen und Untersuchungen wurden bisher vorwiegend an der sekundären Form der Krankheit vorgenommen. Gewiß kann auch diese als solche in ihrer Entwicklung von Außenfaktoren beeinflußt werden. Letzten Endes aber hängt ihr stärkeres oder schwächeres Auftreten davon ab, in welchem Maße die Außenfaktoren die Entstehung der primären Form begünstigen. Die Klärung dieser Frage ist also in erster Linie wichtig. Nun hat die primäre Form sehr wenig charakteristische Symptome und tritt oft äußerlich überhaupt nicht in Erscheinung, so daß sie der experimentellen Prüfung schwer zugänglich ist. Man kann diese Schwierigkeit aber in der Weise umgehen, daß man gesunde Pflanzen unter verschiedenen äußeren Bedingungen der primären Infektion aussetzt und aus dem Verhalten des ersten Nachbaues auf die Wirkung der geprüften Faktoren zurückschließt. Diese Methode ist von holländischen und englischen Forschern in einigen Fällen bereits mit gutem Erfolge zur Klärung ökologischer Fragen benutzt worden. Vor der unmittelbaren Beobachtung der sekundären Form hat sie noch den Vorzug, daß sie weniger leicht zu Fehlschlüssen führt, die in der Ähnlichkeit der Blattrollkrankheit mit gewissen rein-ökologischen Erscheinungen (Abbau) begründet sind. Um das verständlich zu machen, müssen wir zuvor mit einigen Worten auf das Verhältnis der Blattrollkrankheit zum Abbau eingehen.

Blattrollkrankheit und Abbau.

Der Begriff „Abbau“ (degeneration, degeneratie, décheance) ist in seinem ursprünglichen Sinne lediglich ein Ausdruck für die Tatsache, daß die Kartoffeln lokal bei längerem oder kürzerem Nachbau im Ertrage immer mehr nachlassen. Dieser Ertragsrückgang ist mit mehr oder weniger ausgeprägten Veränderungen des Krautwuchses verbunden: Die Stauden erreichen nicht mehr die normale Größe, nehmen eine hellere Krautfärbung an, entwickeln dünnere Stengel, zeigen Blattrollungen usw. Nicht selten entstehen ausgesprochene Kümmerformen, die nur noch einen minimalen Ertrag geben. Die Knollen sind in ihrer Keimkraft geschwächt, so daß der Auflauf verzögert wird und unter Umständen ganz ausbleibt.

Über die Ursache dieser Erscheinungen, die auf tiefgreifende physiologische Störungen schließen lassen, gehen die Ansichten der Forscher weit auseinander. Man hat die ständige vegetative Vermehrung der Kartoffel, das Alter der Sorten, Knospenmutationen, vegetative Aufspaltung, einseitige Züchtung auf hohen Ertrag, mangelhafte Auswahl des Pflanzgutes, Kulturfehler, Einflüsse des Klimas und Bodens und Krankheiten verschiedener Art dafür verantwortlich gemacht. Es kann nicht unsere Aufgabe sein, uns mit all diesen Abbautheorien auseinanderzusetzen, zumal das schon von Morstatt (1925) in einer kritischen Studie erschöpfend geschehen ist. Unsere Ansicht geht in Übereinstimmung mit Morstatt, sowie Ehrenberg (1904), Tuckermann (1905), Ziegler (1927), Merkenschlager (1929) u. a. dahin, daß der Abbau eine ökologische Erscheinung, eine Reaktion der Kartoffelpflanze auf dauernd ungünstige Umwelteinflüsse, ist. Schon die Beschränkung des Abbaues auf bestimmte Gegenden deutet darauf hin, daß er nur auf örtlichen, mit dem Klima, der Bodenbeschaffenheit oder der Kulturweise zusammenhängenden Bedingungen beruhen kann. Die Kartoffel ist ja gegen äußere Einflüsse außerordentlich empfindlich, so daß ungünstige

Anbauverhältnisse eine Verminderung der Wuchskraft und damit des Ertrages zur Folge haben. Weiterhin aber muß die Ungunst eines Jahres auch in den folgenden Jahren noch nachwirken, weil die Kartoffel vegetativ vermehrt wird und die Tochterindividuen eigentlich nur Teile der Mutterpflanze sind. Wo die Kartoffel nun Jahr für Jahr unter ungünstigen Bedingungen heranwächst, wird sich die konstitutionelle Schwächung immer mehr verschärfen und zu einem progressiven Ertragsrückgang, also zum Abbau, führen.

Welche äußeren Faktoren hierbei eine Rolle spielen, ist im einzelnen noch nicht völlig geklärt. Nach den Lagewechselversuchen von ZIEGLER (1927) scheinen in erster Linie das örtliche Klima (Feuchtigkeit, Temperatur), daneben aber auch die örtlichen Bodenverhältnisse von entscheidender Bedeutung zu sein.

Für die Auffassung des Abbaues als „Standortsmodifikation" (MORSTATT 1925) spricht auch die Erfahrungstatsache, daß er reversibel ist. Abgebaute Stämme können ihre Leistungsfähigkeit zurückgewinnen, wenn sie wieder, etwa durch Wechsel des Anbauortes, günstigen Bedingungen ausgesetzt werden. Eine solche Erholung tritt allerdings erst nach einiger Zeit ein, weil wir es bei dem Abbau mit einer verhältnismäßig stark fixierten Modifikation zu tun haben.

Die Erkenntnis, daß der Abbau ein ökologisches Problem ist, beginnt erst neuerdings sich durchzusetzen. Vielfach, namentlich in Holland und Amerika, aber auch in Deutschland ist noch die Ansicht verbreitet, daß der Abbau auf das Überhandnehmen gewisser Krankheiten, wie Blattrollkrankheit, Mosaik, Strichelkrankheit usw. zurückzuführen bzw. damit identisch sei. Dieser Gedanke liegt allerdings nahe, weil abgebaute Stauden häufig einen Habitus haben, der an diese Krankheiten erinnert, und weil überdies der Abbau allem Anscheine nach mit einem vermehrten Auftreten derselben verbunden sein kann. An und für sich aber sind Abbau und Krankheit zwei verschiedene Erscheinungen. Es ist auch ein Abbau ohne Krankheit und ebenso eine Erkrankung ohne Abbau möglich. Die Bezeichnung „Abbaukrankheiten" (degeneration-diseases) ist daher irreführend und sollte aus der Literatur verschwinden.

So leicht Abbau und Krankheit begrifflich zu scheiden sind, so schwierig ist oft ihre Trennung in der Praxis. Das gilt besonders von der Blattrollkrankheit. Gerade mit dieser hat der Abbau in seiner äußeren Erscheinung manche Ähnlichkeit. Beide haben nicht nur den niedrigen Wuchs, die hellere Laubfärbung und den geringeren Ertrag, sondern auch das Blattrollen gemeinsam. Abgebaute Stauden können unter Umständen einen Habitus haben, der dem von typisch rollkranken in jeder Beziehung gleicht.

Es gibt aber verschiedene Wege, um auch in solchen Fällen zu entscheiden, ob Blattrollkrankheit oder Abbau vorliegt. Zunächst kann man so verfahren, daß man die betreffenden Stauden anatomisch auf Phloëmnekrose untersucht, die ja in ihrer akuten Form für die Blattrollkrankheit charakteristisch ist. Eine andere Möglichkeit wäre die, experimentell zu prüfen, ob die Rollerscheinungen sich durch Insekten auf gesunde Pflanzen oder durch Pfropfung auf gesunde Unterlagen übertragen lassen. Endlich könnte man so verfahren, daß man die fraglichen Stauden mehrere Jahre lang unter günstigen, den Ansprüchen der betreffenden Sorte erfahrungsgemäß zusagenden Bedingungen nachbaut und feststellt, ob das Blattrollen sich nach und nach verliert (Abbau) oder immer wiederkehrt (Blattrollkrankheit).

Es kann natürlich auch vorkommen, daß ein und derselbe Stamm sowohl rollkrank als auch im Abbau begriffen ist. Das dürfte sogar ziemlich häufig der Fall sein, weil der Abbau mit einer physiologischen Schwächung der Pflanze Hand in Hand geht und diese vielfach eine größere Anfälligkeit gegenüber Krankheiten nach sich zieht. Solche Stämme sind selbstverständlich weder für die Abbau- noch für die Krankheitsforschung geeignete Objekte.

Die Gefahr einer Verwechslung von Blattrollkrankheit und Abbau liegt besonders bei ökologischen Untersuchungen nahe, weil letzterer seinem Wesen nach eine ökologische Erscheinung ist. Diese Gefahr besteht bei dem oben angegebenen Verfahren, den Einfluß von Außenfaktoren auf die primäre Infektion zu prüfen, nicht oder doch in viel geringerem Maße als bei unmittelbarer Beobachtung der sekundären Form; man braucht nur Vorsorge zu treffen, daß einwandfrei rollkrankes bzw. gesundes Ausgangsmaterial verwendet wird. Deshalb sind wir der Meinung, daß man diese Methode bevorzugen sollte, wenn es sich um die Klärung ökologischer Fragen handelt.

1. Klima und Witterung.

Daß die Blattrollkrankheit von klimatischen Bedingungen abhängig ist, kann man schon daraus schließen, daß sie zwar in allen kartoffelbauenden Ländern bekannt, aber nicht überall gleich stark verbreitet ist (vgl. S. 4). Ebenso deutet die von Jahr zu Jahr wechselnde Stärke ihres Auftretens darauf hin, daß sie von der Witterung beeinflußt wird.

Die hierbei maßgebenden Faktoren sind in erster Linie Luftfeuchtigkeit und Temperatur, daneben auch der Wind, während der Einfluß des Lichtes bzw. der Sonnenscheindauer gering zu sein scheint.

Was zunächst die Luftfeuchtigkeit betrifft, so sprechen sich fast sämtliche Autoren (Appel 1909, Schander 1915, Quanjer 1916, Wortley 1918, Schultz u. Folsom 1921, Gram 1923, McIntosh 1925 u. a.) dahin aus, daß die Blattrollkrankheit um so häufiger auftritt, je trockener das Klima bzw. die Witterung ist. Die Trockenheit läßt eben das charakteristische Symptom des Blattrollens besonders deutlich in Erscheinung treten. Dabei ist es aber, wie SCHANDER (1915) hervorhebt, nicht einerlei, ob die trockene Witterung im Früh- oder im Spätsommer einsetzt. Er schreibt: „Herrscht im Frühsommer bei der ersten Entwicklung der Kartoffeln trockene Witterung, so stellt sich zwar das Rollen frühzeitig ein, kommt aber weniger stark zur Ausbildung, als wenn die erste Entwicklung der Stauden durch reichliche Feuchtigkeit gefördert wird und nachträglich trockene Witterung eintritt.“ Im Gegensatz hierzu spricht GRAM (1923) gerade der Trockenheit im Frühsommer einen krankheitsfördernden Einfluß zu, allerdings nur, wenn sie mit Wärme verbunden ist.

Der zweite, für die Krankheit wichtige Faktor ist die Temperatur. QUANJER (1916) folgerte aus seinen Beobachtungen, daß niedrige Temperatur die Entwicklung der Krankheit begünstigt. Zu demselben Schlusse kam NEGER (1919) auf Grund von Versuchen über den Einfluß der Temperatur auf die Stärkeableitung. Er fand, daß die Kartoffeln überhaupt und vor allem rollanfällige Sorten die Stärke bei niedriger Temperatur schlecht ableiten, und meint deshalb, daß eine Erkrankung in kühlen Sommern mit kalten Nächten leichter eintritt als in warmen. GOSS u. PELTIER (1925) konnten einen wesentlichen Einfluß der Temperatur — sie prüften allerdings nur zwischen 15—25° C liegende Abstufungen — auf die Blattrollkrankheit nicht beobachten. Im übrigen sind sämtliche Autoren (WORTLEY 1918, MURPHY 1921, QUANJER 1921, COTTON 1921, GRAM 1923, WHITEHEAD 1925, MCINTOSH 1925 u. a.) der Ansicht, daß Wärme die Krankheit begünstigt, während Kälte ihr entgegenwirkt. Dementsprechend ist sie in nördlichen Landstrichen seltener als in südlichen und im Gebirge seltener als im Tiefland. Ein interessantes Beispiel für die engen Beziehungen zwischen Blattrollkrankheit und Temperatur gibt GRAM (1923): Er stellte bei seinen mehrjährigen Anbauversuchen in verschiedenen Gegenden Dänemarks fest, daß alle Anbauorte, an denen ein ursprünglich gesunder Stamm „Magnum bonum“ gesund blieb und ein kranker Stamm fortschreitend gesünder wurde, in den Sommermonaten ein geringeres Temperaturmittel als 15,5° C hatten.

Wie Feuchtigkeit und Kälte, so hemmen auch Winde die Ausbreitung. Das ergibt sich schon daraus, daß sie in Küstengegenden durchweg seltener ist als im Binnenlande. Eine experimentelle Bestätigung konnte QUANJER (1921) erbringen: Er baute Knollenviertel gesunder Herkunft neben einigen kranken teils in der Nähe der See, teils im Binnenlande an und stellte durch Nachbauprüfung fest, daß erstere in viel geringerem Umfange infiziert worden waren als letztere. Ähnliche Beobachtungen finden wir bei GRAM (1923). Andererseits leisten vor Winden geschützte Lagen, wie Versuche von OORTWIJN BOTJES (1920), WHITEHEAD (1925), QUANJER (1921, 1923), ELZE (1927) ergeben, der Ausbreitung der Krankheit Vorschub.

Über den Einfluß des **Lichtes** liegen nur wenige Angaben vor. Nach Quanjer (1916) zeigen im Licht und im Schatten gezogene Pflanzen gleich starke Krankheitssymptome. Schultz u. Folsom (1923) dagegen behaupten, daß der Befall im Schatten geringer sei.

Zusammenfassend können wir sagen, daß die Blattrollkrankheit durch Trockenheit und Wärme gefördert, durch Feuchtigkeit, Kälte und Wind aber gehemmt wird.

Wie erklärt sich der Einfluß dieser Außenfaktoren? Zunächst ist es möglich, daß sie auf die Pflanze im Sinne einer Erhöhung oder Minderung der Empfänglichkeit einwirken. Die Kartoffel reagiert bekanntlich in ihrem ganzen Wachstum stark auf die jeweiligen Umweltbedingungen. Je nachdem diese günstiger oder ungünstiger sind, entwickelt sie sich kräftiger oder schwächer. Den Unterschieden in der Wüchsigkeit dürften physiologische Unterschiede entsprechen, und damit könnte sehr wohl eine größere oder geringere Empfänglichkeit gegenüber der Blattrollkrankheit Hand in Hand gehen. Namentlich der krankheitsfördernde Einfluß der Trockenheit läßt sich in dieser Weise gut verstehen, da die Kartoffel, ihrer Herkunft entsprechend, Luftfeuchtigkeit liebt und durch längere Trockenperioden in ihrer Konstitution geschwächt wird.

Eine zweite Erklärungsmöglichkeit ist die, daß Klima und Witterung das Auftreten der übertragenden Insekten beeinflussen. Diese wird besonders von holländischen und englischen Forschern in den Vordergrund gestellt. Sie weisen darauf hin, daß die klimatischen und meteorologischen Faktoren, welche die Blattrollkrankheit fördern bzw. hemmen, auch die Vermehrung und Ausbreitung der in Betracht kommenden Insekten fördern bzw. hemmen. So begünstigt Wärme die Vermehrung der Blattläuse und ist insbesondere eine Voraussetzung für das Aufkommen von Blattlausepidemien. Ebenso wirkt Trockenheit, die außerdem den Wandertrieb der Blattläuse anregt (Schultz u. Folsom 1921). Kälte und Feuchtigkeit andererseits halten die Vermehrung derselben hintan. Vor allem erklärt sich auf diese Weise zwanglos der Einfluß des Windes auf die Blattrollkrankheit. Denn die Blattläuse meiden windige Gegenden (Küstengebiete und freigelegene Gebirgsregionen), während sie sich in windgeschützten Lagen üppig vermehren.

Endlich wäre noch, wenn man sich auf den Boden der Virustheorie stellt, die Möglichkeit in Erwägung zu ziehen, daß Klima und Witterung auf den Krankheitsstoff selbst wirken, daß seine Vermehrung oder Virulenz durch Trockenheit und Wärme begünstigt, durch Feuchtigkeit und Kälte aber beeinträchtigt wird. Etwas Bestimmtes darüber läßt sich jedoch erst aussagen, wenn wir mehr über das Wesen des Virus wissen.

Vorläufig müssen wir uns an die beiden ersten Erklärungsmöglichkeiten halten, also den Einfluß von Klima und Witterung auf die Blattrollkrankheit teils auf dem Wege über die Pflanze, teils auf dem Wege über die Insektenwelt erklären. Wenn außerdeutsche Forscher lediglich an letzteren denken, so können wir ihnen nicht folgen. Die geographische Verbreitung der Krankheit geht nicht immer parallel mit der Verbreitung der übertragenden Insekten. So fehlt es im Osten Deutschlands nach SCHAFFNIT (1927) nicht an solchen, und doch ist die Blattrollkrankheit dort seltener als im Westen. Der Grund ist der, daß hier das Klima der Kartoffel, wie schon ihr leichterer Abbau beweist, weniger zusagt und sie daher krankheitsanfälliger macht.

2. Boden- und Feldlage.

Während wir über die Wirkung von Klima und Witterung auf die Blattrollkrankheit im großen und ganzen unterrichtet sind, wissen wir über den Einfluß des Bodens noch nicht viel.

Die vorliegenden Untersuchungen lassen zwar erkennen, daß die Krankheit auf allen Bodenarten vorkommen kann, geben aber keine sicheren Anhaltspunkte dafür, ob sie diese oder jene Bodenart bevorzugt. Nach SCHANDER (1910), QUANJER (1916) und NEGER (1919) soll sie auf schweren bindigen Böden stärker in Erscheinung treten. OORTWIJN BOTJES (1920) prüfte die Frage experimentell, indem er gesunde Pflanzen auf verschiedenen Böden der Ansteckung aussetzte und den Prozentsatz sekundärkranker Nachkommen ermittelte. Es ergab sich, daß die Krankheit sich auf Moor- und Lehmboden am stärksten, auf Sandboden am wenigsten ausgebreitet hatte. Damit stimmt überein, daß sie in Holland besonders auf Moorböden, in den sogenannten Veenkolonien, häufig ist. GRAM (1923) baute einen gesunden Stamm S und einen kranken Stamm B der Sorte „Magnum bonum“ an 12 Orten Dänemarks auf verschiedenen Böden, ohne eine Auslese zu treffen, 5 Jahre hintereinander an und entnahm von der Ernte alljährlich Durchschnittsproben für einen Vergleichsanbau an ein und demselben Orte. Die verschiedenen Herkünfte wurden bezüglich des Ertrages und des Prozentsatzes rollkranker Pflanzen verglichen. Es zeigte sich, daß der S-Stamm an drei Orten im Laufe der Zeit mehr oder minder stark erkrankte und im Ertrage teilweise bis auf ein Fünftel zurückging, während der B-Stamm an sechs Orten mehr oder minder gesundete und steigende Erträge brachte. Einen günstigen Einfluß auf den Gesundheitszustand hatten vor allem die Moor- und auch die Sandböden. Die Lehmböden hingegen wirkten im allgemeinen ungünstig. SCHANDER (1924, 1926) beobachtete auf Lehmboden einen höheren Prozentsatz an kranken Stauden als auf Sand- und Moorboden, JANSSEN (1929) hingegen auf Sandboden eine stärkere Infektion als auf Lehmboden. MERKENSCHLAGER (1929) kommt zu dem

Ergebnis, daß die Blattrollkrankheit in ihrer schweren Form an „Kolloidböden" gebunden und darum auf sandigen, moorigen und Verwitterungsböden seltener ist.

Hiernach scheint die Blattrollkrankheit im allgemeinen auf bindigen Böden häufiger zu sein als auf lockeren. Doch können die Verhältnisse auch umgekehrt liegen. Wenn aber dieselbe Bodenart die Krankheit bald fördert, bald hemmt, so kann das nur darauf beruhen, daß der Einfluß des Bodens von anderen Einflüssen durchkreuzt bzw. überdeckt wird. In erster Linie dürften hier klimatische Faktoren von Bedeutung sein. Die gegensätzliche Beurteilung der Moorböden in Holland und Dänemark z. B. wird jedenfalls sofort verständlich, wenn man berücksichtigt, daß die holländischen Moorböden vorwiegend im binnenländischen, die dänischen aber im Küstenklima liegen. Der Boden spielt somit nur eine sekundäre Rolle.

Welche Eigenschaften des Bodens — bei gleichen klimatischen Bedingungen — den Ausschlag geben, geht aus den vorliegenden Untersuchungen nicht hervor. Vielleicht ist es der Feuchtigkeitsgehalt (Cotton 1921, Murphy 1921, Merkenschlager 1929) oder die Durchlüftung (Quanjer 1916, Neger 1919, Oortwijn Botjes 1920, Schander 1926) desselben, welche die Krankheit bald stärker, bald schwächer in Erscheinung treten läßt, indem dadurch die Empfänglichkeit der Pflanze erhöht oder herabgesetzt wird. Vielleicht spielt auch die mit der Bodenbeschaffenheit wechselnde Häufigkeit und Beweglichkeit der Erdinsekten, welche die Krankheit übertragen (Oortwijn Botjes 1920), oder die vom Boden abhängige Reife- und Erntezeit der Kartoffeln eine Rolle.

Neben dem Boden scheint die Feldlage eine gewisse Bedeutung für die Verbreitung der Blattrollkrankheit zu haben. Jedenfalls deuten Beobachtungen von Oortwijn Botjes (1920), Quanjer (1921, 1923), Whitehead (1925), Quanjer u. Elze (1925) darauf hin, daß geschützte Lagen den Befall begünstigen. Selbst in Gegenden, wo die Krankheit im allgemeinen aus klimatischen Gründen seltener ist, wie z. B. in der Nähe der See, kann sie nach Elze (1927) in einzelnen, von Wäldern, Gärten oder Hecken eingeschlossenen Orten stärker auftreten. Die Erscheinung erklärt sich dadurch, daß Blattläuse sich in geschützten Lagen, sofern auch die sonstigen Bedingungen günstig sind, leicht üppig vermehren.

3. Düngung und Kultur.

Auch die Frage, ob Kulturmaßnahmen die Blattrollkrankheit beeinflussen, ist erst wenig geklärt. Am häufigsten hat man sich mit dem Einfluß der Düngung beschäftigt. Schon Appel (1911) berichtet über eine ganze Anzahl einschlägiger Versuche. Sie ergaben teilweise mehr oder weniger bedeutende Befallsunterschiede auf verschieden gedüngten

Parzellen. So beobachtete OSTERSPEY (1911) stärkeren Befall bei Kali- und Phosphormangel, STÖRMER (1911) bei übermäßiger und zu später Düngung mit Stickstoff und Kali, LANG (vgl. APPEL 1911) bei Kali- und Kalkdüngung. Auch HILTNER schrieb zunächst dem Salz- bzw. Kaliüberschuß des Bodens einen krankheitsfördernden Einfluß zu, während er später mehr an einen solchen des Phosphormangels denkt. APPEL (1911) und SCHANDER (1910) konnten dagegen eine Abhängigkeit von der Düngung nicht feststellen. Wir können alle diese Versuche hier um so eher übergehen, als es zweifelhaft ist, wieweit die Versuchsansteller es wirklich mit der Blattrollkrankheit zu tun gehabt haben.

Die widerspruchsvollen Befunde der älteren Autoren haben SCHANDER (1925, 5; 1926, 6) und LUDEWIG (1926) veranlaßt, der Frage nach dem Einfluß der Phosphorsäure- und Kalidüngung erneut nachzugehen. Sie fanden, daß die Krankheit weder durch Phosphormangel begünstigt wird, noch durch starke Kaligaben zum Verschwinden gebracht werden kann SCHANDER (1927, 7) konnte auch bei weiteren, zum Teil mehrjährigen Düngungsversuchen mit Kali, Phosphor und Stickstoff keine regelmäßigen Beziehungen zwischen Befall und Düngung feststellen und ist daher der Ansicht, daß diese einen wesentlichen Einfluß auf die Blattrollkrankheit nicht hat und nur die Symptome früher oder später bzw. mehr oder weniger deutlich in Erscheinung treten läßt. Insbesondere werden sie, wie übrigens schon APPEL (1911) und QUANJER (1916) betonen und LUDEWIG (1926) experimentell bestätigen konnte, bei starker Stickstoffdüngung später sichtbar.

Zu ganz anderen Ergebnissen ist neuerdings JANSSEN (1929) gekommen.

JANSSEN legte auf Sand- und Lehmboden je sechs Parzellen an, die in folgender Weise gedüngt waren: 1. Volldüngung (je Hektar 800 kg schwefelsaures Ammoniak, 200 kg Chilesalpeter, 900 kg Superphosphat und 1000 kg „Patentkali"), 2. desgl., jedoch nur die halbe Menge Kali, 3. desgl., ohne Kali, 4. desgl., ohne Phosphorsäure, 5. desgl., jedoch nur die halbe Menge Stickstoff und 6., desgl., ohne Stickstoff. Auf jeder Parzelle wurden 48 Knollen gesunder Abstammung so ausgelegt, daß je acht ein Viereck bildeten, in dessen Mitte eine rollkranke (bzw. mosaikkranke) Staude kam, die als Infektionsquelle diente. Die Knollen der gesunden Pflanzen kamen im folgenden Jahre auf vollgedüngtem Lehmboden zur Anpflanzung. Die Auszählung der rollkranken, mosaikkranken und gesunden Stauden ergab im Gesamtdurchschnitt folgende Prozentsätze:

Düngung	Rollkrank	Mosaikkrank	Gesund
1	20	46	38
2	29	51	28
3	23	55	33
4	26	47	35
5	16	48	40
6	6	38	57

Wenn auch die Unterschiede nicht sehr auffällig sind, so zeigen sie doch, daß die stickstoffarmen Parzellen (5 und 6) weniger und die kali- sowie die phosphorarmen (2—4) mehr rollkranke Nachkommen geliefert haben als die ungedüngte (1). Die ursprünglich gesunden Pflanzen sind also trotz gleicher Infektionsmöglichkeit in ungleichem Maße infiziert worden. JANSSEN führt dies darauf zurück, daß die Blattläuse sich auf verschieden gedüngten Pflanzen ungleich stark vermehren. Ad hoc angestellte Versuche, bei denen gesunde Pflanzen jeweils mit der gleichen Zahl (5—10) von Blattläusen beschickt wurden, bestätigten in der Tat, daß diese sich auf den stickstoffarmen Pflanzen weniger als auf den vollgedüngten und am stärksten auf den kaliarmen vermehren.

Den Grund für die stärkere Vermehrung auf kaliarmen Pflanzen sieht JANSSEN darin, daß sie mehr Zucker (Glukose) enthalten als kalireiche. Die geringere Vermehrung auf stickstoffarmen Pflanzen dagegen ist nach ihm in erster Linie mechanisch bedingt, da sie eine dickere Kutikula haben und früher zur Ausbildung sekundären Holzgewebes schreiten, wodurch das Eindringen der Saugorgane erschwert wird.

Nach diesen Versuchen wird der Befall mit Blattrollkrankheit durch Kalimangel verstärkt und durch Stickstoffmangel abgeschwächt. Das Ergebnis steht im Widerspruch zu den oben erwähnten Angaben von SCHANDER und LUDEWIG und auch zu einem neueren Befunde von WARTENBERG (1930), der durch hohe Kaligaben eine Förderung der Krankheit erzielte. Welche Ansicht richtig ist, wird sich erst entscheiden lassen, wenn die Versuche von JANSSEN unter Benutzung derselben (vorbildlichen) Methode in größerem Umfange wiederholt worden sind.

Weit seltener als die Düngung sind andere Kulturmaßnahmen hinsichtlich ihres Einflusses auf die Blattrollkrankheit geprüft worden. So hat SCHANDER (1928) einige Versuche über die Bodenbearbeitung angestellt. Ein Kartoffelschlag auf Sandboden wurde 3 Jahre lang teils nach dem Aufziehen der Reihen unbearbeitet gelassen (1), teils nachher festgetreten (2), teils normal (3) und teils übernormal bearbeitet (4). Der unter gleichen Bedingungen geprüfte Nachbau von 2 ergab im Mittel 45,9%, der von 1: 34,5%, der von 3: 17,8% und der von 4: 13,97% Roller. Demnach scheint intensive Bodenbearbeitung dem Befall mit Blattrollkrankheit entgegenzuwirken. Das würde damit übereinstimmen, daß sie im allgemeinen auf lockerem Boden seltener anzutreffen ist. Im Gegensatz zu SCHANDER konnte OORTWIJN BOTJES (1925) einen Einfluß der Bodenlockerung nicht feststellen.

Die Standweite ist nach SCHANDER (1925, 3) nur insofern von Bedeutung, als enger Stand die zwischen gesunden Pflanzen stehenden kranken nicht zur vollen Entwicklung kommen läßt. WELLENSIEK (1929) dagegen schreibt ihr auch einen Einfluß auf die primäre Infektion zu. Er beobachtete bei einem mit verschiedenem Reihenabstand (30, 60, 90 und 120 cm) durchgeführten Versuch, daß die Krankheit sich bei größerem Abstand stärker ausbreitete, und erklärt das so, daß die Stauden sich in diesem Falle kräftiger entwickeln und deshalb mehr von Blattläusen heimgesucht werden.

Die Tiefenlage der Knollen ist nach APPEL (1911), SCHANDER (1910) und QUANJER (1916) ohne Bedeutung, während VAN DER GOOT (1925) behauptet, daß die Krankheit sich bei flacher Kultur mehr ausbreitet. Ob die Kartoffeln angehäufelt werden oder nicht, ist nach WELLENSIEK (1929) belanglos.

VII. Innere Krankheitsfaktoren.

Als innere Krankheitsfaktoren bezeichnen wir die Faktoren, welche die physiologische Verfassung der Pflanze bestimmen und für deren größere oder geringere Empfänglichkeit bzw. Disposition maßgebend sind. Hierhin gehört in erster Linie die Sortenzugehörigkeit. Auch das Alter der Pflanze dürfte von Bedeutung sein. Dagegen scheinen Reife und Aufbewahrungsweise der Pflanzkartoffel, der man einen gewissen Einfluß auf den physiologischen Charakter des Individuums nicht absprechen kann, bei der Blattrollkrankheit keine wesentliche Rolle zu spielen.

1. Sortenzugehörigkeit.

Die Frage, ob die einzelnen Kartoffelsorten unter sonst gleichen Bedingungen von der Blattrollkrankheit in verschiedenem Grade befallen werden, hat die Forschung begreiflicherweise lebhaft beschäftigt. Ist doch ihre Klärung die Voraussetzung für eine wichtige Bekämpfungsmaßnahme, den Anbau widerstandsfähiger Sorten!

In Deutschland wurden bereits in den Jahren 1907—1910 zahlreiche Beobachtungen über das Verhalten der Sorten gesammelt, die von APPEL (1911) zusammengestellt sind. Sie sind teilweise, so vor allem die von v. ECKENBRECHER, sehr umfassend und sorgfältig, geben aber kein einheitliches Bild. Ein und dieselbe Sorte verhielt sich an verschiedenen Orten, selbst bei Verwendung von Pflanzkartoffeln gleicher Herkunft, ganz verschieden. Ebenso ergaben sich Unterschiede in den einzelnen Jahren. Übereinstimmend wird nur „Magnum bonum" als besonders anfällig bezeichnet. APPEL zieht daher das Fazit, daß das vorliegende Material „bei weitem nicht ausreicht, um ein sicheres Bild über die Anfälligkeit auch nur der häufigsten Sorten zu geben". Um zum Ziele zu kommen, sind nach seiner Ansicht mehrjährige vergleichende Versuche an möglichst vielen und verschiedenartigen Örtlichkeiten erforderlich, bei denen einheitliches Ausgangsmaterial zu verwenden und die einzelnen Sorten mehrmals in der Vegetationszeit prozentual nach der Stärke des Befalls auszuzählen seien.

Dieser Forderung liegt der richtige Gedanke zugrunde, daß der Befallsgrad je nach den äußeren, von Ort zu Ort und von Jahr zu Jahr wechselnden Bedingungen und je nach der Herkunft des Pflanzgutes Schwankungen unterliegt. Die Anregung von APPEL hat in der Folgezeit bedauerlicherweise nicht die ihr zukommende Beachtung gefunden. Soweit in Deutschland wissenschaftliche Sortenprüfungen ausgeführt wurden, beschränkten sie sich auf wenige Anbaustellen (SCHANDER 1924—1928) oder trafen keine Scheidung der Blattrollkrankheit von den Abbauerscheinungen (SCHAFFNIT 1920, SCHANDER 1930). Im übrigen enthält die neuere deutsche Literatur nur auf Feldbeobachtungen fußende Angaben über das Verhalten der Sorten. In den Jahresberichten der Biologischen Reichsanstalt (1920—1927) werden häufiger als stärker befallen genannt: Magnum bonum, Up to date, Industrie, Wohltmann, Alma, Imperator, Juli, Odenwälder Blaue, Kaiserkrone, Holländische Erstlinge, Pepo, Deodara, Model und Centifolia. Daß diese Sorten wirklich besonders anfällig sind, kann daraus aber nicht geschlossen werden, weil die Beobachtungen zum großen Teil von Praktikern herrühren, denen eine einwandfreie Diagnose bzw. Unterscheidung der Blattrollkrankheit von anderen Rollerscheinungen nicht zuzutrauen ist.

Wir sind also auch heute noch nicht in der Lage, ein wissenschaftlich begründetes Urteil über die Anfälligkeit oder Widerstandsfähigkeit der deutschen Sorten abzugeben.

Weiter ist man in dieser Beziehung in England und Holland gekommen. Hier hat man — auf statistischem Wege — mehr oder weniger deutliche Unterschiede ermittelt und eine für praktische Zwecke ausreichende Klassifikation der Sorten vorgenommen. So gilt in England die Sorte „Great Scot" als resistent (COTTON 1921), in Schottland außerdem „Templar" (MCINTOSH 1925) und in Irland noch „Shamrock", „Champion", „Irish Chieftain", „Arran Rose" und einige weitere (MURPHY 1921). Was Holland betrifft (AARDAPPELZIEKTEN 1928), so haben sich dort als stark anfällig erwiesen: Paul Krüger, Bravo, Industrie, Thorbecke und Schoolmeester, als ziemlich anfällig Schotsche Muis (Eerstelling) und Koksiaan, als mäßig anfällig Roode Star und als wenig oder nicht anfällig Zeeuwsche Bonte, Zeeuwsche Blauwe, Eigenheimer und Ceres.

Schon QUANJER (1919), COTTON (1921) und MURPHY (1921) betonen aber, daß Feldbeobachtungen allein keine genügende Unterlage für eine Beurteilung der Sortenanfälligkeit abgeben, weil die jeweilige Befallsstärke nicht nur von der Sorte, sondern auch von anderen Umständen abhängt. Die Autoren verlangen daher eine exakte experimentelle Nachprüfung unter Darbietung gleicher Infektionsbedingungen.

In umfassender Weise ist dieses bezüglich der englischen Sorten von MURPHY (1923) geschehen. Auf einem Felde, das einen stärkeren Insektenbesuch erwarten ließ (was sich später auch bestätigte), legte er gesunde Knollen von 40 verschiedenen Sorten reihenweise mit kranken

(„British Queen") abwechselnd aus. Sorten, die bereits im selben Jahre stark primär erkrankt waren, wurden entfernt, die übrigen im folgenden Jahre nachgebaut und hinsichtlich des Prozentsatzes an sekundärkranken Stauden verglichen. Auf Grund der Ergebnisse wurde von MURPHY eine Einteilung der Sorten in sehr anfällige, ziemlich anfällige und relativ resistente vorgenommen. Zu den letzteren gehören „Champion II (Clifden seadling)", „Shamrock", „Silver Shamrock" und „Striped Champion". Bemerkenswert ist, daß diese Sorten einander systematisch nahestehen. Die praktisch als resistent geltende Sorte „Great Scot" wurde im Versuch ziemlich stark befallen.

Dasselbe Verfahren ist neuerdings von JANSSEN (1929) auf einige holländische Sorten angewandt worden, indem er bei seinem oben beschriebenen Düngungsversuch je acht gesunde Pflanzen von vier verschiedenen Sorten (Thorbecke, Eigenheimer, Roode Star, Industrie) der primären Infektion durch ein krankes Exemplar aussetzte. Er ermittelte im Nachbau bei Thorbecke 29%, bei Eigenheimer 19%, bei Roode Star 17,5% und bei Industrie 17% sekundärkranke Pflanzen. Der Befall war somit bei der auch in der Praxis als stark anfällig geltenden Sorte „Thorbecke" am höchsten, aber auch bei den praktisch immunen Sorten „Eigenheimer" und „Roode Star" nicht unbedeutend. Andererseits zeigte die praktisch stark anfällige „Industrie" den schwächsten Befall. Der Versuch beweist wiederum, daß die Sorten sich bei exakter Prüfung ganz anders verhalten können als in der Praxis.

Die Sortenanfälligkeit läßt sich auch mit Hilfe der Pfropfmethode experimentell prüfen. So konnte QUANJER (1919) durch Plantationen von Knollenhälften nachweisen, daß praktisch nicht oder kaum befallene Sorten wie Eigenheimer, Ceres, Zeeuwsche Blauwe, Roode Star und de Wet infizierbar sind, daß es sich also nicht um eine absolute Immunität, sondern nur um eine mehr oder weniger große Resistenz handelt. Ebenso gelang es MURPHY u. MCKAY (1924), die „resistente" Sorte „Barley Bounty" durch Aufpfropfen von kranker „British Queen" zu infizieren.

MURPHY u. MCKAY weisen übrigens darauf hin, daß es bei der Blattrollkrankheit ebenso wie bei Mosaik sogenannte „tolerant varieties" geben könne, d. h. Sorten, die trotz erfolgter Infektion keine auffallenden Symptome zeigen. Die Sortenprüfungen müßten deshalb so kritisch gestaltet werden, daß eine etwaige Unterdrückung der Symptome nicht mit Resistenz verwechselt werde. In einer späteren Arbeit (1927) heben sie hervor, daß die Wirkung auf den Ertrag nicht als Maßstab für den Grad der Anfälligkeit dienen könne. So gebe die sehr anfällige „Up to date" bei gleichstarkem Befall viel höhere Erträge als die ebenso anfällige „President".

Nach dem Gesagten ist die Resistenzfrage noch keineswegs erschöpfend geklärt. Es dürfte aber doch feststehen, daß es spezifische Sortenunterschiede gibt, und daß wir es nicht, wie MERKENSCHLAGER (1929) meint, mit einer „beispiellosen Regellosigkeit in der Anfälligkeit der Sorten" zu tun haben.

Was nun die Gründe des verschiedenen Verhaltens der Sorten betrifft, so lassen sich darüber angesichts unserer geringen Kenntnisse von den Ursachen der Anfälligkeit und Resistenz überhaupt nur Vermutungen äußern. NEGER (1919) bringt es in Zusammenhang mit der Fähigkeit oder Unfähigkeit, bei Abkühlung die Stärkeableitung aufrecht zu erhalten. MERKENSCHLAGER (1929) vermutet Beziehungen der Anfälligkeit zu dem Verhältnis zwischen Kraut- und Wurzelausbildung, weil es je nachdem leichter oder schwerer zu Störungen der Wasserbilanz kommt, die er für die Blattrollkrankheit verantwortlich macht. MCINTOSH (1925) nimmt an, daß das Verhalten der Sorten von der Zusammensetzung des Zellsaftes abhängt, indem dieser den übertragenden Insekten bald mehr, bald weniger zusage. JANSSEN (1929) weist darauf hin, daß die Sorten je nach dem anatomischen Bau der Blätter dem Eindringen der Saugorgane einen verschiedenen Widerstand entgegensetzen. OORTWIJN BOTJES (1920) führt die Resistenz darauf zurück, daß die betreffenden Sorten durch irgendwelche Stoffwechselprodukte den eingedrungenen Krankheitsstoff nicht zur Wirkung kommen lassen.

2. Entwicklungsstadium der Pflanze.

Die Symptome der sekundären Form der Blattrollkrankheit werden bald schon Ende Juni, bald erst im Juli oder August sichtbar. Der Zeitpunkt wird zur Hauptsache von den äußeren Verhältnissen (Witterung, Düngung usw.), die das Hervortreten des Blattrollens beschleunigen oder verzögern, zum Teil vielleicht auch von der Sorte bestimmt. Eine Abhängigkeit von dem Entwicklungsstadium der Pflanze nimmt MERKENSCHLAGER (1929) an. Nach ihm tritt die Erkrankung in der Regel zur Zeit der Blüte bzw. des Knollenansatzes ein, weil es in dieser „kritischen Periode“ am ehesten zu Spannungen im Wasserhaushalt kommt.

Daß das Auftreten der primären Form, also die primäre Infektion, von dem Alter der Pflanze beeinflußt wird, hat schon COTTON (1921) behauptet. Experimentelle Untersuchungen darüber führte ELZE (1927) aus. Er beschickte je drei isolierte Pflanzen zu verschiedenen Zeitpunkten (9. VII. bis 14. VIII.) mit der gleichen Anzahl virusbeladener Blattläuse und verglich den Befall der Nachkommenschaft. Die am 9. VII. geimpften Pflanzen lieferten sämtlich, die vom 16. VII. und 23. VII. wenigstens teilweise kranke Nachkommen, die später (am 7. VIII. und 14. VIII.) geimpften dagegen ausnahmslos gesunde Nachkommen. Hiernach nimmt die Empfänglichkeit mit zunehmendem Alter ab und ist insbesondere in der ersten Hälfte des Juli größer als im August. Wenn auch eine spätere Infektion keineswegs ausgeschlossen ist, so scheint doch die Infektionsgefahr ungefähr zur Blütezeit am größten. Dementsprechend spielen auch Insekten, die um diese Zeit schon in größerer Zahl vorhanden sind (wie die meisten Blattlausarten) bei der Übertragung und Verbreitung der Blattrollkrankheit eine größere Rolle als solche, die erst später massenhaft auftreten (Zikaden, Wanzen).

3. Reife der Pflanzkartoffeln.

Vergleiche zwischen reifen, zur Zeit des natürlichen Absterbens des Krautes geernteten, und unreifen, bei noch grünem oder vorzeitig abgestorbenem Kraut geernteten Pflanzkartoffeln haben schon verschiedene ältere Autoren angestellt (vgl. APPEL 1911). Einige von ihnen folgern aus ihren Beobachtungen, daß die Verwendung unreifer Knollen die Blattrollkrankheit begünstige; ja, manche sind sogar geneigt, in der Unreife bzw. in einer durch Witterungseinflüsse (Trockenheit) oder bestimmte Kulturmaßnahmen (spätes Pflanzen) bedingten „Notreife" die Ursache der Krankheit zu sehen. Diese Ansicht konnte aber nach Versuchen von SCHANDER (1910) und APPEL (1911), die einen Einfluß des Reifegrades bzw. der Erntezeit nicht erkennen ließen, nicht richtig sein.

Später ist dann verschiedentlich die Behauptung aufgestellt worden, daß nicht die unreifen, sondern gerade reife Pflanzkartoffeln stärker für die Blattrollkrankheit disponiert seien. So beobachtete der bekannte holländische Kartoffelzüchter VEENHUIZEN (vgl. QUANJER 1916, S. 56), daß der vorzeitig geerntete Teil eines kranken Bestandes gesunde, der zur normalen Zeit geerntete aber kranke Nachkommen lieferte. QUANJER (1916) führte daraufhin umfangreiche Versuche mit verschiedenen Ernteterminen durch, die aber keine Befallsunterschiede ergaben. Weiter kam LINDNER (1926) auf Grund chemischer Untersuchungen zu der Überzeugung, daß unreife Knollen gesündere Pflanzen liefern müßten als reife. Nach ihm werden die Knollen mit fortschreitender Reife allmählich reicher an Eiweiß und ärmer an Amiden, so daß sich das Verhältnis Eiweiß : Gesamtstickstoff immer mehr verengert. Da nun die junge Pflanze vor allem leichtbewegliche Stickstoffverbindungen gebraucht, entwickelt sie sich um so üppiger und gesünder, je höher der relative Amidgehalt der Mutterknolle, also je weniger reif sie ist. Diese „Amidtheorie" fand zwar eine Stütze in den Versuchsergebnissen von KOTTMEIER (1927) und KRÜGER (1927), kann aber bezüglich der Blattrollkrankheit schon deshalb nicht ohne weiteres Geltung beanspruchen, weil die genannten Autoren nicht diese allein, sondern den „Abbau" in dem früher üblichen, ökologische und pathologische Erscheinungen zusammenfassenden Sinne im Auge hatten. Außerdem wurde von SCHANDER (1927, 12; 1928, 1930) nachgewiesen, daß weder zwischen Reife und Amidgehalt noch zwischen Reife und Gesundheitszustand regelmäßige Beziehungen bestehen. Es ergaben zwar manche Frühsorten bei früher Ernte einen gesünderen Nachbau als bei später Ernte, Spätsorten jedoch verhielten sich vielfach gerade entgegengesetzt. Soweit Unterschiede in Erscheinung traten, waren sie je nach der Düngung größer oder geringer, im ganzen aber überhaupt nicht sehr auffallend. SCHANDER hält daher an der bereits früher (1925, 5) von ihm ausgesprochenen Auffassung fest, daß der Pflanzkortoffelreife ein entscheidender Einfluß auf die Blattrollkrankheit nicht zukomme.

Sowohl QUANJER als auch SCHANDER haben ihre Untersuchungen offenbar an sekundärkranken Beständen vorgenommen. Diese scheinen somit stets kranke Nachkommen zu liefern, ob sie nun reif oder unreif abgeerntet werden. Anders liegen die Verhältnisse bei primärkranken Stauden. Hier spielt die Erntezeit insofern eine Rolle, als der Nachbau neben den sekundärkranken um so mehr gesunde Pflanzen aufweist, je früher die Ernte vorgenommen wurde. OORTWIJN BOTJES (1923) baute gesunde Stauden der Sorte „Paul Krüger“ neben kranken an, setzte sie also der primären Infektion aus und nahm die Ernte zu vier verschiedenen Terminen vor. Der Befall des Nachbaues betrug bei früher Ernte (19. VII.) 0%, bei mittelfrüher Ernte (5. VIII.) 19% und bei später Ernte (27. IX. und 10. X.) 96% bzw. 82%. Er erklärt diesen Befund so, daß der Krankheitsstoff (Virus) beim ersten Erntetermin noch nicht von den Blättern bis in die Knollen gelangt war und auch bei dem zweiten erst einen kleinen Teil derselben erreicht hatte. Daß der Reifegrad an sich nicht das Entscheidende ist, ergab sich daraus, daß gesunde Pflanzen, die in gesunder Umgebung heranwuchsen, also überhaupt nicht infiziert werden konnten, bei allen Ernteterminen einen gesunden Nachbau lieferten.

Da MURPHY u. MCKAY (1924, 1926, 3) und JANSSEN (1929) zu ähnlichen Ergebnissen kamen, darf die günstige Wirkung einer frühen Ernte auf den Gesundheitszustand der Pflanzkartoffeln — soweit es sich um primärkranke Stauden handelt — als erwiesen gelten. Sie hängt aber nur mittelbar mit dem Reifegrad zusammen.

4. Aufbewahrung der Pflanzkartoffeln.

Schon in der älteren Literatur (vgl. APPEL 1911) werden Beobachtungen mitgeteilt, wonach eingekellerte Kartoffeln mehr zur Blattrollkrankheit neigen als eingemietete. Dieselbe Behauptung finden wir bei SCHANDER (1928), der Pflanzkartoffeln teils in einer sehr kühlen Miete, teils in einem Keller von 3—7,5° C und teils in einem solchen von 15—20° C (Keimkeller) überwinterte. Die eingekellerten Kartoffeln lieferten 1,7 bzw. 7,9%, die eingemieteten aber nur 0,6% Roller. Hiernach wäre es in erster Linie die im Keller meist herrschende höhere Temperatur, welche den Gesundheitszustand der Knolle nachteilig beeinflußt.

Demgegenüber betonen QUANJER (1916) und MCINTOSH (1925), daß die Temperatur, wie überhaupt die Art der Einwinterung für den Befallsgrad belanglos ist, daß vielmehr allein die Abstammung der Knollen über ihren Gesundheitszustand entscheidet. Möglicherweise sind die von SCHANDER in obigem Versuch beobachteten Rollerscheinungen gar nicht als Symptome der Blattrollkrankheit zu deuten, sondern anderweitig bedingt gewesen, worüber eine — von ihm anscheinend nicht ausgeführte — Prüfung des Nachbaues Aufschluß gegeben hätte.

MURPHY (1923, 3 u. 4) schreibt der Einkellerung gleichfalls einen krankheitsfördernden Einfluß zu, erklärt dies aber auf andere Weise. Von seinen Keiminfektionsversuchen ausgehend, nimmt er an, daß es in Kellern durch Vermittelung von Blattläusen leicht zu einer Ansteckung der gesunden von beigemischten kranken Knollen aus komme. Diese Gefahr, auf die auch SCHULTZ u. FOLSOM (1921) und QUANJER (1925) hinweisen, ist zweifellos vorhanden. Ob sie aber praktische Bedeutung besitzt, ist fraglich. Jedenfalls würde es sich dann nicht um eine physiologische Beeinflussung der Pflanzkartoffel, sondern lediglich um eine Begünstigung der Infektion handeln.

5. Keimverhalten der Pflanzkartoffeln.

Im Anschluß an das Gesagte sei noch die Frage erörtert, ob zwischen dem Auftreten der Blattrollkrankheit und dem Keimverhalten der Pflanzkartoffeln Beziehungen bestehen, d. h. ob kranke Knollen durch einen von der Norm abweichenden Keimverlauf charakterisiert sind. Wenn das der Fall ist, würde sich die praktisch wertvolle Möglichkeit ergeben, kranke Pflanzkartoffeln durch eine Keimprüfung als solche zu erkennen.

Mit dem Zusammenhang zwischen Keimung und Krankheitsbefall hat sich zuerst HILTNER (1919) beschäftigt. Er fand, daß gesunde Knollen im allgemeinen besser und schneller keimen als kranke und letztere nur spärliche, dünne, kurze und meist nicht bewurzelte Keime bilden. Später haben SCHANDER u. RICHTER (1923) umfangreiche Untersuchungen darüber veröffentlicht. Die in verschiedener Weise eingekeimten Knollen wurden hinsichtlich der Zahl der gekeimten Augen, sowie der Zahl und Dicke der Keime geprüft und daraus als Keimindex die „reduzierte Keimzahl" in der Weise errechnet, daß je ein starker Keim gleich zwei mittelstarken und zwei schwache Keime gleich einem mittelstarken gesetzt wurden. Die Knollen gelangten dann zur Auspflanzung, um den Keimbefund mit dem Gesundheitszustand der Pflanze zu vergleichen. Die Versuche ergaben, daß „sämtliche Stauden, die später Blattrollkrankheit zeigten, von Knollen stammten, die schon im Keimbett durch ihre mangelhafte Keimfähigkeit aufgefallen waren". Der Keimindex variierte zwar je nach Sorte und Herkunft ziemlich stark — bei gesunden Knollen von 2,8—11,8 —, war aber bei gleicher Sorte und Herkunft durchweg für kranke Knollen niedriger als für gesunde (im Mittel 2,84 bzw. 5,04).

MURPHY u. MCKAY (1925) fanden gleichfalls in vielen Fällen bei kranken Knollen einen niedrigeren Keimindex, heben aber hervor, daß er auch bei derselben Sorte innerhalb so weiter Grenzen schwankt, daß sich im Einzelfalle auf Grund des Keimverhaltens nicht entscheiden läßt, ob eine Knolle gesund oder krank ist. Bei einem Versuche, in dem je 12 Knollen mit dem höchsten und dem niedrigsten Keimindex ausgepflanzt wurden, ergaben erstere prozentual beinahe ebensoviele kranke Stauden wie letztere.

Ein spezifisches Merkmal der Keimung rollkranker Knollen glaubt GILBERT (1923) in der „Fadenkeimigkeit", d. h. in der Ausbildung besonders dünner Keime gefunden zu haben. Im Gegensatz dazu weisen SCHULTZ u. FOLSOM (1921), MURPHY u. MCKAY (1925) und MCINTOSH (1925) darauf hin, daß die Fadenkeimigkeit auch andere Gründe haben kann und überdies nicht einmal ein konstantes Symptom der Blattrollkrankheit ist.

Neuerdings hat sich KOLTERMANN (1927) nochmals mit dem ganzen Fragenkomplex beschäftigt und die Beziehungen verschiedener, mit den Knollen übertragbarer Krankheiten zur Keimung untersucht. Auch er konnte einen Einfluß der Blattrollkrankheit nicht feststellen. „Die Knollen kranker Stauden bildeten sowohl kräftige als auch schwächere Keime. Ebenso gingen rollkranke Pflanzen sowohl aus Knollen mit gesunden, kräftigen als auch aus Knollen mit schwächeren Keimen hervor."

Nach dem Gesagten bietet der Keimversuch keine Möglichkeit, rollkranke Knollen mit Sicherheit als solche zu erkennen.

VIII. Ätiologie der Krankheit.

Über die Ursache der Blattrollkrankheit werden in der älteren Literatur die verschiedensten Ansichten geäußert. Man machte bald eine „Entartung" der Kartoffeln, bald pathologische Mutationen, bald Pilze verschiedener Art (besonders *Fusarium*), bald äußere Einflüsse, wie Trockenheit, Bodenbeschaffenheit, fehlerhafte Düngung usw., bald innere Faktoren, wie Un- oder Notreife der Knollen, Störung des enzymatischen Gleichgewichts in denselben u. a., für die Krankheit verantwortlich. Gegen jede dieser Theorien ließen sich Einwände geltend machen, so daß APPEL (1911) bekennen mußte: „Leider stehen wir heute noch bezüglich der Ursachen der Blattrollkrankheit auf einem Standpunkte, der es uns nicht erlaubt, auf die Frage nach der Entstehung eine bestimmte Antwort zu geben."

Diese Mannigfaltigkeit und Gegensätzlichkeit der Anschauungen ist verständlich, wenn man bedenkt, daß die Blattrollkrankheit damals erst wenig erforscht und vor allem noch nicht so scharf umgrenzt war, daß sie sicher diagnostiziert werden konnte. Manche der älteren Erklärungsversuche beweisen geradezu, daß die Autoren es nicht mit der Blattrollkrankheit, sondern mit anderen Rollerscheinungen zu tun gehabt haben.

Alle diese Theorien — sie sind bei APPEL (1911) und HIMMELBAUR (1912) ausführlich zusammengestellt — haben heute nur noch historisches Interesse und dürfen hier daher übergangen werden.

Erst als die Erforschung der Krankheit weiter fortgeschritten war, konnte man mit mehr Erfolg eine Ätiologie versuchen. Die historische Entwicklung hat sich in zwei verschiedenen Richtungen vollzogen. Die eine führte, an die Feststellung anknüpfend, daß die Blattrollkrankheit von Pflanze zu Pflanze übertragbar ist, zur Virustheorie. Die andere stellte die schweren Stoffwechselstörungen, welche mit der Krankheit verbunden sind, in den Vordergrund (physiologische Theorie). Die Virustheorie hat in Holland, England und Amerika allgemeine Anerkennung gefunden, während die physiologische Theorie — in verschiedener Ausprägung — von der Mehrzahl der deutschen Forscher vertreten wird.

1. Virustheorie.

Die Virustheorie sieht die Ursache der Blattrollkrankheit in einem Infektionsstoff (smetstof, contagium, infective substance, Virus), der an den Saft der Pflanze gebunden ist und bei natürlicher oder künstlicher Übertragung gesunde Pflanzen in gleicher Weise erkranken läßt. Sie rechnet also die Krankheit zum Typ der Viruskrankheiten, der in der Pflanzenpathologie erst in neuerer Zeit Beachtung gefunden hat, aber aus der Human- und Tiermedizin schon länger bekannt ist. Die Viruskrankheiten verhalten sich wie Infektionskrankheiten, ohne daß aber ein bestimmter Erreger nachweisbar ist. Was man sich unter dem Virus vorzustellen hat, ist noch strittig. Meist denkt man dabei an ultramikroskopische (filtrierbare) Organismen, teilweise aber auch an einen enzym- oder toxinartigen Stoff, der sich autokatalytisch zu regenerieren vermag.

Die Virustheorie der Blattrollkrankheit geht auf QUANJER (1916) zurück. Wie oben erwähnt, hatte dieser festgestellt, daß die Krankheit von einer Pflanze zur anderen übergehen kann, also ansteckend ist. Da nun weder pilzliche noch bakterielle Erreger zu finden waren, schloß er, daß die Ansteckung in der Übermittelung eines Krankheitsstoffes (Virus) bestehen müsse, und nahm zunächst an, daß diese durch den Boden erfolge. So ergab sich folgendes Bild von dem Verlauf der Krankheit:

Das Virus (von QUANJER als ultramikroskopischer Organismus aufgefaßt) wird mit dem Wasser von den Wurzeln aufgenommen, steigt in den Gefäßen empor, dringt ins Phloëm ein und gelangt auf diesem Wege in die lebhaft wachsenden Teile der Pflanze, insbesondere in die Sproßspitzen. Hier häuft es sich an, ohne zunächst äußere oder innere Veränderungen hervorzurufen. Erst wenn die Assimilation der

Sprosse eine gewisse Stärke erreicht und ein lebhafterer Abfluß der Assimilate eingesetzt hat, greift das Virus das Phloëm an und führt hier zu Desorganisationserscheinungen (Nekrose). Als Folge derselben stellt sich dann bald das für die primäre Krankheitsform charakteristische Rollen der oberen Blätter ein. Mit dem Saftstrom gelangt das Virus auch in die Knollen und wird so auf die Nachkommen übertragen. Daß die Krankheit sich an diesen in anderer Weise, nämlich in der sekundären Form, äußert, erklärt QUANJER dadurch, daß sie das Virus von vornherein in größerer Menge aus der Mutterknolle aufnehmen. Sobald die ersten Blätter lebhafter zu assimilieren beginnen, wird das Phloëm im unteren Teile des Stengels nekrotisch. Infolgedessen läßt der Zufluß von Nahrungsstoffen zu den Sproßspitzen nach, wodurch das Wachstum ins Stocken gerät, wird aber auch die Aufwärtsbewegung des Virus gehemmt, so daß die oberen Blätter weniger stark erkranken (rollen) als die unteren. Durch Ausscheidung aus den Wurzeln oder auch durch aktive Durchdringung der Wurzelrinde gelangt das Virus wieder in den Erdboden, um von hier aus von neuem in Kartoffelpflanzen einzudringen.

Die Vorstellung, daß das Virus vom Erdboden aus in die Pflanze eindringt und auch dahin zurückkehrt, erwies sich bald als unrichtig. Weitere Versuche von QUANJER selbst und OORTWIJN BOTJES (1920) führten zu dem Ergebnis, daß eine Bodenverseuchung mit dem Erreger der Blattrollkrankheit und somit eine Infektion vom Boden aus nicht in Frage kommt. Die primäre Infektion wird vielmehr durch saugende Insekten (Blattläuse) bewirkt. Diese müssen also als Überträger des Virus angesehen werden und können das um so eher, als sie beim Saugen mit dem Safte der kranken Pflanze auch den Krankheitsstoff aufnehmen. Dann gelangt aber das Virus nicht zuerst in die Wurzeln, sondern in die Blätter, und auch nicht, wie QUANJER angenommen hatte, zunächst ins Xylem, sondern gleich ins Phloëm, das die Insekten mit ihren Saugorganen aufsuchen. Damit wurde das primäre Krankheitsbild noch leichter verständlich: Das Virus wird von der Einstichstelle aus mit dem Strom der Assimilate in erster Linie in die wachsenden Teile, die Sproßspitzen, geleitet und ruft hier die ersten Krankheitssymptome hervor, d. h. es rollen sich zunächst die oberen Blätter. Ebenso stellt sich die Phloëmnekrose zuerst im oberen Teil des Stengels ein. Die Nekrose ist allerdings nach OORTWIJN BOTJES nicht die primäre Wirkung des Virus; sie geht dem Sichtbarwerden der äußeren Symptome und der Stärkeschoppung nicht voraus, sondern folgt ihnen. Bevor das Virus das Phloëm sichtbar angreift, muß also bereits eine Störung der Blattfunktionen eingetreten sein. Dieser Schluß liegt um so näher, als die Nekrose bei der primären Krankheitsform meist nur schwach ausgeprägt ist. Dasselbe gilt aber auch für die sekundäre Form, deren theoretische Deutung im übrigen durch die neuen Befunde nicht berührt wurde.

QUANJER (1921) hat sich die Anschauungen von OORTWIJN BOTJES bezüglich der Übertragung des Virus zu eigen gemacht, hält aber daran fest, daß dieses zunächst das Phloëm angreife. Es rufe hier schon vor dem Sichtbarwerden der Nekrose funktionelle Störungen hervor, welche die Stärkeschoppung nach sich ziehen.

Die von QUANJER und OORTWIJN BOTJES umrissene Virustheorie der Blattrollkrankheit bedurfte eines weiteren Ausbaues in doppelter Richtung. Einmal war das Verhalten des Virus in der Pflanze und im übertragenden Insekt und sodann Wesen und Eigenschaften desselben zu klären. Um diesen Ausbau, der allerdings noch nicht soweit gediehen ist wie bei anderen pflanzlichen Viruskrankheiten, haben sich vor allem holländische und englische Forscher verdient gemacht.

MURPHY und ELZE suchten die Geschwindigkeit, mit der sich das Virus in der Pflanze ausbreitet, bzw. die Zeit, die es zur völligen Durchsetzung der Pflanze benötigt (nach BÖNING 1928 „Propagationszeit"), festzustellen.

MURPHY (1926) bediente sich zweier verschiedener Methoden. Bei der einen wurden gesunde einstengelige Pflanzen, die durch Gaze vor Infektion durch Insekten geschützt waren, nach Abschneiden des Haupttriebes mit einem kranken Reis gepfropft und die Seitentriebe in bestimmten Zeitabständen der Reihe nach entfernt und als Stecklinge weitergezogen. Bei einem Versuch wurden die Seitentriebe alle 5 Tage in basipetaler Reihenfolge abgeschnitten und ergaben die beiden obersten (5 bzw. 10 Tage nach der Pfropfung entfernten) lauter gesunde, die folgenden (nach 15 oder mehr Tagen abgelösten) dagegen lauter kranke Nachkommen. In einem anderen Versuch wurden sämtliche Seitentriebe teils nach 6, teils nach 15 Tagen abgeschnitten und waren die Nachkommen im ersteren Falle sämtlich gesund, im zweiten ausnahmslos krank.

Das andere Verfahren bestand darin, daß die Knollen der gepfropften Pflanzen sukzessive abgenommen und ausgepflanzt wurden. Hierbei gingen aus den nach 8 Tagen entnommenen Knollen gesunde, aus den nach 14 bis 49 Tagen entnommenen aber kranke Pflanzen hervor. Hiernach ist das Virus imstande, innerhalb 14—15 Tagen den ganzen Stengel — die Pfropfstelle lag etwa 29 cm über dem Erdboden — sowie alle Seitensprosse und Knollen zu durchdringen.

ELZE (1927) verfuhr bei seinen Versuchen in folgender Weise: Er brachte virusbeladene Blattläuse auf die Gipfel gesunder Pflanzen und isolierte sie dort durch Einschließen in Insektengaze von den unteren Pflanzenteilen. Nach verschieden langer Zeit wurde der obere Teil des Stengels abgeschnitten. Die übrige Pflanze wuchs unter Fernhaltung von Läusen bis zum natürlichen Abschluß der Vegetation weiter und wurde im folgenden Jahre nachgebaut.

Bei einem Versuch wurden je fünf Pflanzen nach 3—58 Tagen gekappt; der abgeschnittene Teil hatte eine Länge von 20—47 cm. Eine Infektion war nach 3—8 Tagen noch nicht, nach 10 Tagen bei einer, nach 14 Tagen bei drei, nach 20, 44 und 58 Tagen bei sämtlichen Exemplaren eingetreten. In einem zweiten Versuch wurden die ersten Infektionserfolge erst innerhalb von 30 Tagen erzielt, trotzdem die abgeschnittene Spitze nur 5—15 cm lang war. Die Ausbreitung des Virus erfolgte also sehr verschieden schnell. Es hatte im günstigsten Falle 10 Tage für eine Strecke von etwa 30 cm, in anderen Fällen aber für die gleiche oder selbst eine kleinere Strecke eine zwei- bis dreimal solange Zeit gebraucht. Diese Unterschiede mögen zum Teil dadurch bedingt sein, daß je nach der Zahl der saugenden Blattläuse (in obigen Versuchen je 15 bzw. 10) bald mehr, bald weniger Virus in die Pflanze eingeführt wird, zum Teil hängen sie aber auch mit dem Entwicklungszustand der Pflanze zusammen. Da die Pflanzen bei dem zweiten Versuch zur Zeit der Impfung weniger weit entwickelt waren und die ersten Infektionen später eintraten als beim ersten, schließt ELZE, daß das Virus sich in jungen, lebhaft wachsenden Pflanzen langsamer ausbreitet als in älteren.

Aus diesen Untersuchungen ergibt sich, daß das Blattrollvirus sich verhältnismäßig langsam (langsamer z. B. als das Mosaikvirus) fortbewegt und zur Durchsetzung der ganzen Pflanze einschließlich der Knollen mindestens 2—3 Wochen benötigt. Im einzelnen hängt die Propagationszeit vom Alter der Pflanze, außerdem aber auch, wie folgende Beobachtung von JANSSEN (1929) zeigt, von äußeren Bedingungen ab. JANSSEN infizierte verschieden gedüngte Pflanzen mit Blattläusen oder durch Pfropfung und entnahm in bestimmten Zeitabständen je eine Knolle. Es ergab sich, daß das Virus bei stark gedüngten Pflanzen schon nach 12 Tagen bis in die Knollen gedrungen war, während dies bei schwacher Düngung, besonders bei Stickstoffmangel, erst nach viel längerer Zeit oder überhaupt nicht der Fall war. Letzteres ist um so bemerkenswerter, als die betreffenden Pflanzen niedriger und somit der zurückzulegende Weg kürzer war.

Die Ausbreitung des Virus scheint schließlich noch von inneren Faktoren abzuhängen. Hierauf deutet die Tatsache, daß primärinfizierte Pflanzen neben kranken in der Regel auch gesunde Nachkommen — und zwar bei früher Ernte mehr als bei später — liefern. Man muß annehmen, daß das Virus einen Teil der Knollen nicht erreicht, sich also nicht in allen Pflanzenteilen gleich schnell fortbewegt.

Über die Inkubationszeit des Blattrollvirus, d. h. die von seinem Eindringen in die Pflanze bis zum Sichtbarwerden der ersten äußeren Symptome verstreichende Zeit, finden wir in der Literatur nur zwei kurze Notizen. Nach McINTOSH (1925) beträgt sie „gewöhnlich über 25 Tage", nach MURPHY u. McKAY (1926, 5) etwa 4 Wochen. Diese Angaben können sich nur auf den Fall beziehen, daß die Symptome der primären Krankheitsform entwickelt werden. Das ist aber nicht die Regel. Primärinfizierte Pflanzen zeigen oft bis zum Schluß der Vegetationsperiode überhaupt keine Krankheitssymptome; diese werden vielmehr erst bei ihren Nachkommen im folgenden Jahre — in der sekundären Form — sichtbar. Die Inkubationszeit kann also bis in die nächste Vegetationsperiode hineinreichen und 8—12 Monate umfassen.

In welcher Weise das Virus sich in der Pflanze ausbreitet, ist experimentell noch nicht geprüft worden. Doch sprechen verschiedene Gründe (Phloëmnekrose, Nichtübertragbarkeit durch Samen) dafür, daß es sich in erster Linie in den Phloëmsträngen fortbewegt. In der Folge dringt es aber auch in die übrigen Gewebe ein und durchsetzt schließlich alle Teile der Pflanze, und zwar sowohl die wachsenden als auch die ausgereiften. Andernfalls könnte es wohl kaum die schweren Stoffwechselstörungen auslösen, welche die Blattrollkrankheit charakterisieren und die sich hier im Unterschiede von anderen Viruskrankheiten nicht auf junges Gewebe beschränken (Stärkeschoppung!), und wäre die Übertragbarkeit mit den Knollen, durch Pfropfreiser usw. nicht verständlich. Dabei scheint das Virus nicht überall gleich aktiv oder konzentriert zu sein (McIntosh 1925), wie das Fehlen der äußeren Symptome an einzelnen Teilen, z. B. an den Sproßspitzen sekundärkranker Stauden, beweist.

Weiter ist das Verhalten des Virus im übertragenden Insekt Gegenstand der Forschung gewesen. Elze (1927) hat sich mit der wichtigen Frage beschäftigt, ob das Virus hier von der Aufnahme bis zur Abgabe unverändert bleibt oder in der Zwischenzeit gewisse, für seine weitere Wirksamkeit entscheidende Veränderungen durchmacht.

Er ließ Blattläuse (*Myzus persicae*) zunächst eine bestimmte Zeit (14 und 24 Stunden) auf kranken Pflanzen saugen, brachte sie dann 10 Stunden, 24 Stunden, 3 Tage, 5 Tage oder 1 Woche lang auf eine Serie (A) und nach Ablauf dieser Frist auf eine zweite Serie (B) gesunder Pflanzen. Etwa auf A zurückgebliebene Läuse wurden durch Räuchern abgetötet. Bei der Prüfung des Nachbaues der A-Pflanzen stellte sich heraus, daß eine Infektion nur in den Fällen eingetreten war, wo die Blattläuse länger als 10 bzw. 24 Stunden auf diesen gesaugt hatten. Die Nachkommen der B-Pflanzen waren fast ausnahmslos rollkrank. Demnach konnte das Mißlingen der Infektion bei einem Teile der A-Pflanzen nur darauf beruhen, daß der abgegebene Krankheitsstoff noch nicht infektiös war. Dies hätte aber der Fall sein müssen, wenn das Virus von den Blattläusen in demselben Zustande wieder abgegeben wird, in dem es aufgenommen wurde. Elze schließt daher, daß es im Körper des Insekts erst eine Umwandlung erfahren bzw. eine auf 24—38 Stunden zu schätzende „Inkubationszeit“ durchmachen muß.

Nach diesem Versuche sind die Blattläuse nicht rein-mechanische Überträger, sondern gewissermaßen „Zwischenwirte“. Das Virus muß eine Zeitlang in ihnen verweilen, ehe es infektiös wirken kann, sei es, daß der Insektenspeichel irgendeine Substanz enthält, welche die Virulenz des Virus erneuert, oder daß dieses im Insekt eine organische Entwicklung nach Art mancher tierischen Parasiten durchläuft.

Die Tatsache, daß einige Blattlausarten die Krankheit leichter, andere schwerer übertragen, erklärt Elze (1931, 2) neuerdings dadurch, daß sie in verschiedenem Grade an das Virus „angepaßt“ sind, d. h. dieses auf dem Wege durch ihren Körper (vom Saugkanal durch das Blut in die Speicheldrüse) mehr oder weniger verändern. Bei den fressenden Insekten soll es sich nach ihm dagegen um eine mechanische Übertragung handeln, indem Reste des Virus an den Mundwerkzeugen haften bleiben.

Elze (1927) fand weiter, daß die Virulenz im Körper der Blattläuse einige Zeit bestehen bleibt und sich insbesondere bei den Häutungen derselben nicht verliert, daß das Virus aber nicht vom Muttertier auf die Nachkommen übergeht.

Über die Eigenschaften des Blattrollvirus, d. h. sein Verhalten beim Filtrieren, Verdünnen, gegenüber physikalischen und chemischen Einflüssen usw., wissen wir noch nichts. Sie werden auch schwer festzustellen sein, solange wir nicht wie bei anderen Viruskrankheiten die Möglichkeit haben, durch mechanische Übertragung des Preßsaftes gesunde Pflanzen zu infizieren.

Was das Wesen des Virus betrifft, so vertritt Quanjer (1916) die Ansicht, daß es sich um einen ultramikroskopischen Organismus handle. Später (1921,4) hat er diese Auffassung auf eine Reihe weiterer, inzwischen bekannt gewordener Viruskrankheiten der Kartoffel (Mosaik, crinkle, marginal leaf-roll) und anderer Pflanzen ausgedehnt und meint, daß es „eine ganze Welt ultramikroskopischer Organismen" geben müsse, die Pflanzenkrankheiten verursachen. Um diese zu erschließen, sei zunächst festzustellen, ob in den viruskranken Pflanzen oder in den übertragenden Insekten nicht irgendwelche visible Entwicklungsstadien jener Organismen vorhanden seien, und sodann zu versuchen, die Erreger in Reinkulturen zu gewinnen.

Ersteres ist in der Folge auch geschehen. Es sind zahlreiche zytologische Untersuchungen viruskranker Pflanzen ausgeführt worden, um intrazellulare, als Organismen zu deutende Gebilde zu finden. Sie beziehen sich in der Mehrzahl auf Mosaikkrankheiten. In den kranken Pflanzen wurden im Laufe der Zeit eine ganze Anzahl verschiedener intrazellularer Körper gefunden und mit besonderen Namen belegt (Plasmodien, Skolekosomen, Trypanoplasten, Ooplasten, amöboide Körperchen, x-bodies, Elytrosomen usw.). Wieweit diese, zum Teil allerdings auch in gesunden Pflanzen vorkommenden Gebilde als Organismen oder aber als anormale Stoffwechselprodukte der erkrankten Zellen aufzufassen sind, ist eine Frage, über die die Ansichten weit auseinandergehen.

Blattrollkranke Kartoffeln wurden nur ganz vereinzelt zytologisch untersucht. Nelson (1922) entdeckte in den Siebröhren derselben nach Färbung mit Hämatoxylin Gebilde, die eine auffallende Ähnlichkeit mit Trypanosomen hatten und sogar Kern, undulierende Membran und Blepharoplasten aufwiesen. Da er solche in gesunden Pflanzen nicht fand, sprach er sie als Erreger der Krankheit an und faßte sie als Entwicklungsstadien von Trypanosomen auf, die außerdem noch wesentlich kleinere, plastische, durch Bakterienfilter passierende (von ihm aber nicht beobachtete) Formen bilden sollen. Schaffnit (1928) berichtet, daß er in den jugendlichen, langgestreckten Phloëmzellen blattrollkranker (wie mosaikkranker) Kartoffeln mit Hilfe einer modifizierten

Giemsafärbung gedreht-spindelförmige Gebilde nachweisen konnte, die aber keine Kerne und keine Chromatsubstanz erkennen ließen. Bewegungserscheinungen waren nicht wahrzunehmen. Die Beobachtungen „sprechen teils für, teils gegen die Organismennatur der fraglichen Gebilde". V. Brehmer u. Bärner (1930) untersuchten keine typisch rollkranken, sondern viruskranke Stauden anderer Art (es handelte sich im wesentlichen um Kräusel- und Mosaikkrankheit, daneben um „Marginal leaf-roll" und eine neuartige, von den Autoren als „Knötchenkrankheit" bezeichnete Form). Sie fanden in diesen Stauden, und zwar vor allem in den parenchymatischen Geweben, ovale oder plasmodienartige Körper von gelblich-grüner Farbe, die später in zahlreiche kleine Bläschen zerfielen. Diese letzteren entließen schließlich ein fadenförmiges, selbstbewegliches Gebilde, verhielten sich also ähnlich wie keimende Sporen von *Plasmodiophoraceen.* Da sie nun dieselben Gebilde auch in dem ausgepreßten und durch feine Membranfilter filtrierten Safte der Pflanzen entdeckten und ihnen mit Hilfe desselben eine Infektion gesunder Pflanzen gelang, kommen sie zu dem Schluß, daß damit der Erreger der Krankheiten gefunden sei, und geben ihm den Namen *Plasmodiophora solani.* Wieweit diese Schlußfolgerungen berechtigt sind, soll hier nicht näher erörtert werden; unseres Erachtens müssen sie schon deshalb mit Vorsicht aufgenommen werden, weil die Autoren behaupten, daß ihre Versuchspflanzen weder von den Knollen aus, noch durch Blattlausübertragung, sondern durch Ansteckung vom Boden her krank geworden seien, was mit der vielfach bestätigten Erfahrung, daß Viruskrankheiten durch den Boden nicht übertragen werden, in Widerspruch steht, und weiter deshalb, weil sie glauben, die verschiedenen, sonst allgemein als selbständige Typen aufgefaßten Krankheiten auf ein und denselben Erreger zurückführen zu müssen. Die Blattrollkrankheit wird nur an einer Stelle kurz erwähnt. Die Verfasser fanden die genannten gelblich-grünen Körper auch in den Interzellularen, Zwickeln und Spaltungsräumen der Zellwände und vermuten daher, daß sie die Urheber der in Begleitung der Blattrollkrankheit auftretenden Phloëmnekrose sein könnten. Diese Vermutung hat aber nur problematischen Wert, solange nicht feststeht, ob die fraglichen Gebilde auch in typisch rollkranken Pflanzen vorkommen.

Die zytologischen Untersuchungen haben somit bis jetzt keine positiven Anhaltspunkte dafür ergeben, daß das Blattrollvirus ein lebender Organismus ist. Wir halten diese Annahme zwar mit Quanjer, Elze (1927), Thung (1928) u. a. für wahrscheinlicher als die, daß das Virus ein enzym- oder toxinartiger Stoff ist. Als bewiesen kann sie aber erst dann gelten, wenn es nicht nur gelungen ist, in den kranken Pflanzen einwandfrei Organismen nachzuweisen, sondern auch diese zu isolieren und mit Reinkulturen derselben positive Impferfolge zu erzielen (vgl. Quanjer 1923).

2. Physiologische Theorien.

Die Auffassung, daß die Blattrollkrankheit physiologische Ursachen hat, also eine Stoffwechselkrankheit ist, ist schon von SORAUER (1908) vertreten worden. Er führt sie auf eine Störung des enzymatischen Gleichgewichts in den Knollen, nämlich ein Überwiegen der Oxydasen über die Antioxydasen, zurück. Dadurch trete eine vermehrte Lösung der Reservestärke bzw. eine Anreicherung an Zucker ein, die das Wachstum in anormale Bahnen lenke und insbesondere auch das symptomatische Blattrollen erkläre. Dieses sei eine Reaktion der Pflanze auf Änderungen der Wasserzufuhr, die ihrerseits auch von den Enzymverhältnissen in der Mutterknolle abhänge.

Gegen diese „Enzymtheorie" wendet APPEL (1911) ein, daß die von SORAUER behauptete Verschiebung der Enzyme in den Knollen noch nicht einwandfrei bewiesen sei — er selbst und DOBY konnten ein bestimmtes „enzymatisches Merkmal" kranker Knollen nicht feststellen —, und meint: „Selbst wenn eine solche Verschiedenheit der Enzyme vorhanden wäre, so würde diese Tatsache noch keinen Schluß auf die Entstehungsursache zulassen, da enzymatische Veränderungen durch die verschiedensten Einflüsse sowohl anorganischer wie organischer Natur veranlaßt werden können." SORAUER (1911) hat seine Theorie deshalb dahin abgeändert, daß er allgemeiner „Abwegigkeiten der Ernährung" für die Krankheit verantwortlich macht.

Dieser Gedanke ist später, als nach und nach eine ganze Reihe von Stoffwechselstörungen als charakteristisch für die Blattrollkrankheit festgestellt wurden, wieder aufgegriffen worden, hat aber zunächst nicht zur Ausbildung einer richtigen, die äußeren Symptome aus den inneren Störungen ableitenden Theorie geführt. Das hängt damit zusammen, daß man die Krankheit in Deutschland bis in die neueste Zeit hinein ebenso wie andere Krankheiten (Mosaik, Kräuselkrankheit, Bukettkrankheit usw.) in das Abbauproblem einbezog und nach einer gemeinsamen Erklärung der „Abbauerscheinungen" suchte. Diese Bemühungen mußten, da Abbau und Krankheit grundsätzlich verschiedene Dinge sind (vgl. S. 52), erfolglos bleiben. Wie sehr die Verquickung der beiden Fragen die Lösung des Abbauproblems im eigentlichen, ökologischen Sinne erschwert und verzögert hat, ist von MORSTATT (1925) überzeugend dargelegt worden. Aber auch die Ätiologie der Blattrollkrankheit ist dadurch nicht gefördert worden. Erst als man erkannt hatte, daß diese gesondert vom Abbau zu betrachten ist, war der Weg frei für die Entwicklung einer physiologischen Theorie der Krankheit.

Der Grundgedanke dieser Theorie ist bereits von SCHANDER (1927, 13) ausgesprochen worden. Er schreibt: „Meiner Ansicht nach ist die Entstehung der Blattrollkrankheit von den erblichen Eigenschaften der Kartoffelsorte abhängig. Sie hat ihre Ursache in der Änderung des chemischen Gleichgewichts der Pflanze, die bedingt sein kann in der Erbanlage und hervorgerufen sein kann durch Wachstumsstörungen."

Wie im einzelnen Krankheitsbild und -verlauf aus den Stoffwechselstörungen zu erklären sind, ist aber erst neuerdings durch MERKENSCHLAGER (1929) und SCHWEIZER (1930) dargelegt worden. Dabei stellt MERKENSCHLAGER die Störung des Wasserhaushaltes, SCHWEIZER die des Eiweißhaushaltes in den Vordergrund, so daß sich zwei verschiedene Formen der physiologischen Theorie ergeben.

Der Gedankengang von MERKENSCHLAGER ist etwa folgender: Das gerollte Blatt ist durch eine veränderte Form der Wasserbilanz gekennzeichnet, indem seine Spaltöffnungen zum großen Teile außer Funktion gesetzt bzw. geschlossen sind. Nun kommt ein vorübergehendes Schließen der Spalten auch bei gesunden Blättern vor, wenn nämlich eine Stockung in der Wasserzufuhr oder eine Steigerung des Anreizes zur Transpiration eintritt. Es handelt sich um einen normalen Regulationsvorgang, der die Pflanze vor einem zu weitgehenden Wasserverlust schützt. Bei der Blattrollkrankheit ist dieser Vorgang „pathologisch gesteigert", insofern hier ein größerer Teil der Spalten dauernd geschlossen ist. Den Grund hierfür sieht MERKENSCHLAGER darin, daß das Blatt in einem früheren Entwicklungsstadium infolge anhaltend ungünstiger Feuchtigkeitsverhältnisse genötigt war, den Spaltenschluß längere Zeit aufrecht zu erhalten. In diesem Falle treten, da das Assimilationsgewebe mehr oder minder von der Kohlensäureeinfuhr abgeschnitten ist, pathologische Veränderungen in den Schließzellen ein; ihre Regulationsfähigkeit nimmt ab und geht schließlich völlig verloren, sie können sogar gänzlich absterben. Gleichzeitig verstärken sich die stets im Zusammenhang mit einer Erschwerung der Wasserbilanz auftretenden Gewebespannungen und führen zu einem Rollen des Blattes. Solange noch eine genügend große Anzahl von Schließzellen regulationsfähig bleibt, kann das Blattrollen bei Wiedereinsetzen ausreichender Wasserzufuhr wieder zurückgehen: Die Blattrollkrankheit ist in ihren Anfangsstadien reversibel. Wenn aber die Bedingungen, die zum Spaltenschluß führten, längere Zeit bestehen bleiben, wie das namentlich in der „kritischen Periode" (zweite Juli- und erste Augusthälfte), in der der Blutungsdruck aufhört, nicht selten vorkommt, wird der Spaltöffnungsapparat so tiefgreifend geschädigt, daß eine Erholung trotz Zufuhr genügender Wassermengen nicht mehr möglich ist: Die Krankheit ist irreversibel geworden. Damit treten nun weitere Stoffwechselstörungen in Erscheinung. Der dauernde Verschluß eines großen Teiles der Spaltöffnungen bringt eine Herabsetzung des gesamten Gaswechsels mit sich, also eine Einschränkung sowohl der Transpiration als auch der Assimilation. Ferner wird die Ableitung der Assimilate gehemmt, es kommt zur Stärkeschoppung: „Die Stärke bleibt unverzuckert auf halber Strecke liegen", weil das Konzentrationsgefälle nach unten nicht mehr vorhanden ist. So wird die ganze Entwicklung der Pflanze und vor allem die Knollenbildung beeinträchtigt. Auch die innere kolloidale Struktur der Knollen wird nachteilig beeinflußt, was die Übertragung der Krankheit auf die Nachkommenschaft verständlich macht. Die Abhängigkeit der Blattrollkrankheit von Boden, Klima, Witterung, Sorte usw. erklärt sich dadurch, daß diese Faktoren mit darüber entscheiden, ob, wann und in welchem Maße die Wasserbilanzkrise eintritt, die die Erkrankung zum Ausbruch kommen läßt.

Eine Stütze für seine Auffassung findet MERKENSCHLAGER darin, daß bei der Kartoffel auch andere Rollerscheinungen vorkommen, die gleichfalls als Symptome eines gestörten Wasserhaushaltes gedeutet werden müssen. Das Wipfelrollen fußkranker Stauden, das „Grundrollen", — ein Rollen der unteren Blätter, das sich beim Auspflanzen vorgekeimter Knollen mit langen Dunkelkeimen einstellt —, das „Säurerollen", dem eine Vergiftung des Wurzelsystems durch zu hohe Säuregrade zugrunde liegt, das Rollen unter dem Einfluß von Kälte u. a. sind nach MERKENSCHLAGER „unmittelbare Ausdrucksformen einer augenblicklichen Wassernot" und zum Teil sogar irreversibel (Wipfelrollen, Säurerollen). Von ihnen unterscheidet sich die Blattrollkrankheit insofern, als sie in ihren Anfängen reversibel ist, und erst bei Fortdauer einer „kartoffelwidrigen Witterung" pathologisch fixiert wird.

MERKENSCHLAGER sieht die Ursache der Blattrollkrankheit also in einer Wasserbilanzkrise zur Zeit der Vegetationshöhe, deren unmittelbare Folge das Rollen der Blätter ist. Wir haben bereits früher (s. S. 39) darauf hingewiesen, daß es zweifelhaft ist, ob das Blattrollen in der Form, wie es rollkranke Stauden zeigen, durch die an sich unbestreitbare Störung des Wasserhaushaltes allein befriedigend erklärt werden kann. Unseres Erachtens dürften daran auch noch andere Momente, insbesondere die Anhäufung der Assimilate, ursächlich mit beteiligt sein. Davon abgesehen, gibt die Theorie keine Erklärung für die Tatsache, daß die Ableitung der Stärke aus den Blättern schon gehemmt ist, ehe die ersten Anfänge des Rollens sichtbar werden. Auch die nekrotischen Veränderungen im Phloëm, die sich schon kurze Zeit nach dem Beginn des Blattrollens einstellen, erscheinen nicht recht verständlich. Vollends rätselhaft bleibt die Übertragbarkeit der Blattrollkrankheit durch Insekten, die allerdings von MERKENSCHLAGER angezweifelt wird. Endlich ist noch darauf hinzuweisen, daß es außer der sekundären Form der Krankheit, die MERKENSCHLAGER im Auge hat, noch eine primäre Form gibt, die sich in den Rahmen seiner Theorie nicht einfügen läßt.

Im Gegensatz zu MERKENSCHLAGER stellt SCHWEIZER (1930) die Störung des Eiweißhaushaltes in den Mittelpunkt seiner Theorie. Wir haben die ihr zugrunde liegenden physiologischen Untersuchungen und die sich daraus ergebenden Zusammenhänge zwischen dem Eiweißstoffwechsel einerseits und dem Kohlehydratstoffwechsel, sowie der Phloëmnekrose andererseits, bereits früher besprochen und können uns hier darauf beschränken, das von SCHWEIZER entworfene Gesamtbild von dem Verlauf der Krankheit wiederzugeben:

Er unterscheidet vier Entwicklungsstadien. Das erste reicht von der Keimung bis zur Entfaltung der ersten Blätter. Das Wachstum ist noch normal oder sogar etwas lebhafter als bei gesunden Pflanzen. Die Mutterknolle mobilisiert die Reserveproteine schnell und führt sie den jungen Keimen und Sprossen in ausreichender Menge zu. Dagegen verläuft die Hydrolyse der Reservestärke von vornherein schleppend und kommt, wenn die Knolle von Eiweißstoffen entblößt ist, vollständig zum Stillstand. Die Diastase ist unwirksam geworden, weil die kolloidale Schutzwirkung der Eiweißstoffe fehlt. Die jungen Sprosse leiden daher bald unter einem Mangel an Kohlehydraten und verwenden die Eiweißstoffe, die sie in den Chloroplasten vorfinden, mit zur Atmung. Dadurch werden diese geschädigt, so daß sie nicht mehr genügend Eiweiß regenerieren können. Der einsetzende Eiweißmangel bezeichnet den Übergang zur zweiten Phase.

In der zweiten Phase, die etwa 6—10 Tage umfaßt, ist das Wachstum gehemmt, weil es eben an dem zum Aufbau neuer Organe nötigen Eiweiß fehlt. In dieser Zeit machen sich auch schon die ersten Anzeichen der Phloëmnekrose bemerkbar, die nach SCHWEIZER mit dem Eiweißmangel in Zusammenhang steht. Da die Pflanze aber in der Nahrungsaufnahme und Assimilation fortfährt, kommt das Wachstum wieder in Gang.

Es beginnt die dritte Phase. Das Eiweißbildungsvermögen der Pflanze ist inzwischen wenigstens soweit erstarkt, daß den Vegetationsspitzen etwas Eiweiß zugeleitet werden kann. Eine Anhäufung desselben in den Blättern findet dagegen ebensowenig wie eine Ableitung in merklichem Umfange statt. Die Folge davon ist, daß die Wurzeln in der Entwicklung zurückbleiben und Stolonen und Knollen nur zögernd angelegt werden und andererseits in den Phloëmsträngen die Nekrose weiter um sich greift. Je mehr die Blätter an Eiweiß verarmen, desto mehr reichern sie sich mit Nitraten, die ihnen der Transpirationsstrom zuführt, an. Gleichzeitig beginnen Glukose und Stärke sich anzuhäufen, da die Diastase infolge des Eiweißmangels inaktiviert wird. So wird das Wachstum immer mehr verlangsamt und schließlich ganz sistiert.

Damit ist die vierte Phase erreicht, die den End- und Höhepunkt der Entwicklung bezeichnet. Die Blätter, deren Glukose- und Stärkegehalt auf den Höchstwert gestiegen ist, rollen und verfärben sich und nehmen die bekannte harte, spröde Beschaffenheit an. Die Verfärbung ist der sichtbare Ausdruck dafür, daß die Schädigung der Chloroplasten irreversibel geworden und damit das Eiweißbildungsvermögen vollständig verloren gegangen ist. Auch die Assimilation kommt damit zum Erlöschen. Andererseits steigt der Gehalt an Nitraten weiter, so daß die Blätter schließlich mehr davon enthalten als die Stengel. Da weder Eiweißstoffe noch Kohlehydrate abgeleitet werden, verstärkt sich die Phloëmnekrose immer mehr und bleiben die Knollen klein. Letztere werden auch chemisch-physiologisch ungünstig beeinflußt, was sich (allerdings erst später) darin zu erkennen gibt, daß sich ihr Gehalt an Glukose sowie die Wirksamkeit der Oxydasen erhöht.

Wenn SCHWEIZER auch die Anfänge der Phloëmnekrose unseres Erachtens in einen früheren Zeitpunkt verlegt, als man nach den Untersuchungen von OORTWIJN BOTJES (1920), MURPHY (1923) und SCHANDER u. BIELERT (1928) annehmen muß, scheint seine Darstellung doch im großen und ganzen ein richtiges Bild von den Zusammenhängen zwischen den Stoffwechselstörungen und den äußeren Symptomen der sekundären Form zu geben. (Die primäre Form berücksichtigt er ebensowenig wie MERKENSCHLAGER.) Vollständig ist das Bild allerdings noch nicht. SCHWEIZER schreibt selbst: „Der schwer geschädigte Stoffwechsel, wie er bei der Blattrollkrankheit vorliegt, dürfte sicher noch weitere abnorme Vorgänge in Begleitung haben, die uns bis jetzt noch entgangen sind.“

Aber auch, wenn diese Vorgänge restlos geklärt wären, so wäre die eigentliche Ursache der Blattrollkrankheit noch nicht erfaßt. Wir kommen damit auf einen Mangel zu sprechen, der jeder physiologischen Theorie anhaftet. Sie hat ihre Aufgabe noch keineswegs erschöpft, wenn sie die äußeren Symptome durch Stoffwechselstörungen erklärt. Diese sind lediglich innere Krankheitssymptome, die um so weniger als Ursachen bezeichnet werden können, als jede Krankheit ihrem Wesen nach in einer Störung der normalen physiologischen Funktionen besteht. Eine befriedigende Erklärung ist erst dann gewonnen, wenn die Stoffwechselstörungen auf eine bestimmte andere, innerhalb oder außerhalb der Pflanze liegende Ursache zurückgeführt sind. Man könnte hier, wie es MERKENSCHLAGER und teilweise auch SCHANDER andeuten, an einen auslösenden Einfluß gewisser Außenfaktoren, wie Klima, Witterung, Kulturbedingungen usw., denken — dann wäre die Blattrollkrankheit letzten Endes eine ökologische Erscheinung, also mit dem Abbau, von dem sie sich sonst wesentlich unterscheidet, in eine Linie zu stellen — oder man könnte mit SCHANDER eine in den Sorteneigenschaften begründete Disposition zu Stoffwechselstörungen voraussetzen — damit würde aber nur eine neue Unbekannte in die Rechnung eingeführt. Die gegebene Ergänzung der physiologischen Theorie wäre unseres Erachtens die, daß man die Stoffwechselstörungen als Reaktionen der Pflanze auf den Angriff eines Virus auffaßt, womit gleichzeitig eine Brücke zur Virustheorie geschlagen wäre.

Die Vertreter der physiologischen Auffassung haben sich bis jetzt der

Virustheorie gegenüber ablehnend verhalten. SCHANDER (1927, 13) weist darauf hin, daß es ihm „nicht gelang, die Krankheit auf gesunde Pflanzen, weder durch Blattläuse und andere Insekten in der Isolierzelle, noch durch Überpflanzen kranker Triebe, noch durch Injektion von Preßsäften zu übertragen". Auch MERKENSCHLAGER (1929) hebt hervor, daß die Übertragbarkeit des Blattrollvirus vielfach bestritten wird. SCHWEIZER (1930) endlich ist der Ansicht, daß die Annahme eines Virus als Krankheitsursache nicht mit der Tatsache vereinbar sei, daß rollkranke Pflanzen durch Zufuhr von Eiweißstoffen „geheilt" werden können. Wenn man sich unter dem Virus ultravisible Organismen vorstelle, müßten diese in erster Linie den Eiweißstoffwechsel der Pflanze alterieren und könnten nicht durch Zufuhr von frischem Eiweiß unschädlich gemacht werden; eher wäre es denkbar, daß ihre zerstörende Tätigkeit dadurch noch eine weitere Anregung erfährt.

Den Einwänden von SCHWEIZER möchten wir eine größere Bedeutung nicht beimessen, da über die Eigenschaften des Virus noch viel zu wenig bekannt ist, um beurteilen zu können, wie artfremdes Eiweiß auf dasselbe wirkt. Mehr Beachtung verdient der Hinweis von SCHANDER auf seine vergeblichen Versuche, die Blattrollkrankheit mit Hilfe von Insekten künstlich zu übertragen. Denn diese Übertragbarkeit ist eine der wichtigsten, wenn nicht die wichtigste Stütze der Virustheorie. Wir haben aber bereits früher betont, daß diese Versuche die von anderen Forschern erzielten positiven Ergebnisse nicht widerlegen können und auch nicht beweisen, daß die Blattrollkrankheit sich etwa in Deutschland in dieser Hinsicht anders verhält. Zur Entscheidung der Frage ist unseres Erachtens unbedingt eine Nachprüfung auf breiterer Basis erforderlich. Sollte sich der negative Befund SCHANDERS wider Erwarten bestätigen, so käme allerdings die Virustheorie für deutsche Verhältnisse nicht in Frage. Es würde sich dann die Notwendigkeit ergeben, die bisher als einheitliche Krankheitserscheinung aufgefaßte Blattrollkrankheit in einen durch Insekten übertragbaren und einen nicht in dieser Weise übertragbaren Typ zu zerlegen und letzteren auf andere Weise — vielleicht ökologisch — zu erklären. Eine derartige Aufteilung des Begriffes wird auch von LASKE (1929) in Erwägung gezogen.

IX. Bekämpfung.

Da die Blattrollkrankheit mit den Knollen übertragen wird, muß die Bekämpfung vor allem darauf abzielen, kranke Knollen von der Verwendung zu Pflanzzwecken auszuschließen. Das ist nach erfolgter Ernte nicht mehr möglich. Kranke Knollen lassen sich weder äußerlich noch innerlich und ebensowenig durch eine Keimprüfung von gesunden unterscheiden. Auch die Sortierung der Kartoffeln nach der Größe bzw. die

Ausscheidung kleiner Knollen, die vielfach (SCHANDER 1915, 1925, 3; ORTON 1921; SCHULTZ u. FOLSOM 1921, 1923 u. a.) als Vorbeugungsmaßnahme empfohlen wird und an sich auch zweckmäßig ist, da kranke Stauden einen höheren Prozentsatz kleiner Knollen liefern, bietet keine ausreichende Gewähr für gesundes Pflanzgut. Knollen kranker Abstammung dürfen vielmehr überhaupt nicht erst ins Pflanzgut geraten. Daraus ergibt sich die Notwendigkeit, bereits während der Vegetationszeit zu entscheiden, welche Felder zur Pflanzkartoffelgewinnung tauglich sind. Stark erkrankte Felder scheiden selbstverständlich ohne weiteres aus. Ist der Befall geringer, so hat man in der Staudenauslese eine Möglichkeit, sich gesunde Pflanzkartoffeln zu verschaffen. Wenn aber von der betreffenden Sorte überhaupt keine genügend gesunden Bestände mehr vorhanden sind, so muß man einen Pflanzgutwechsel vornehmen.

Neben der Auswahl gesunden Pflanzgutes kommt als Gegenmaßnahme gegen die Blattrollkrankheit noch der Anbau resistenter Sorten, die Bekämpfung der übertragenden Insekten und vielleicht eine Behandlung der Knollen in Betracht, während Kulturmaßnahmen vorläufig keine Handhabe zur Bekämpfung der Krankheit bieten.

Staudenauslese. Wir unterscheiden negative und positive Staudenauslese. Erstere besteht darin, daß die kranken Pflanzen vor der allgemeinen Ernte entfernt bzw. für sich geerntet und nicht mit nachgebaut werden. Schon HILTNER (1908) und SCHANDER (1910) empfehlen diese Maßnahme. APPEL (1911) hat sie bei einer größeren Zahl von teils schwächer, teils stärker befallenen Sorten geprüft und damit teilweise recht gute Erfolge erzielt. Wenn die Krankheit auch nicht völlig verschwand, so ging doch der Prozentsatz der kranken Stauden bei manchen Sorten erheblich zurück. Bei anderen aber trat keine merkliche Änderung oder sogar eine Steigerung des Befalles ein. Da immer nur gesunde Stauden zum Nachbau gelangten, schließt APPEL, daß auch solche den Krankheitskeim bereits in sich tragen können, und hält die Staudenauslese nur in den Fällen für aussichtsvoll, wo die Zahl der kranken Pflanzen sehr gering ist.

Ähnliche Beobachtungen haben später QUANJER (1916), OORTWIJN BOTJES (1920), MURPHY (1921), MURPHY u. MCKAY (1924), WHITEHEAD (1927) u. a. gemacht; auch ihnen gelang es nicht, durch Staudenauslese eine völlige Gesundung des Nachbaues zu erreichen. Die Erklärung für diese Mißerfolge ergibt sich aus dem ansteckenden Charakter der Blattrollkrankheit und aus der Tatsache, daß die primäre Infektion sich nicht immer durch äußere Krankheitssymptome zu erkennen gibt. Die Gefahr einer latenten Primärinfektion ist um so größer, je stärker das betreffende Feld mit kranken Stauden durchsetzt ist, je näher es anderen befallenen Feldern liegt und je günstiger die örtlichen Bedingungen für eine primäre Infektion überhaupt sind. Die Staudenauslese wird somit nur da den angestrebten Zweck erfüllen, wo die als Überträger in Betracht kommenden Insekten weniger zahlreich (SCHULTZ u. FOLSOM 1921) und dementsprechend die Blattrollkrankheit überhaupt seltener ist, wie in hohen, kühlen und windigen Gegenden (GRAM 1923, INTOSH 1925, WHITEHEAD 1927), dagegen in geschützten Lagen, welche die Vermehrung der Blattläuse begünstigen (AARDAPPELZIEKTEN 1928) und auf bestimmten Böden, die viele Erdinsekten bergen (OORTWIJN BOTJES 1920), mehr oder weniger versagen.

In jedem Falle muß man, um eine Ansteckung gesunder Nachbarpflanzen möglichst zu verhüten, mit der Ausrodung (roguing) der kranken früh im Jahre, sobald die ersten Krankheitssymptome sichtbar werden (im Juni), beginnen und sie im Laufe der Vegetationsperiode mehrmals wiederholen. Dabei ist Sorge zu tragen, daß der gesamte Knollenbehang mit entfernt wird und das Kraut nicht auf dem Felde liegen bleibt. Weiter ist es ratsam (vgl. AARDAPPELZIEKTEN 1928), die Rodestellen mit Stäben oder dergleichen zu bezeichnen, die vier unmittelbar benachbarten Stauden vorweg zu ernten und auch diese (möglicherweise latent infizierten) von der Weiterzucht auszuschließen.

Statt die kranken Pflanzen auszuroden, kann man auch so verfahren, daß man die gesunden vor der allgemeinen Ernte aufnimmt. Bei dieser „positiven" Auslese besteht zwar ebenfalls die Gefahr, daß infizierte Pflanzen infolge Verdeckung der Symptome irrtümlich für gesund gehalten werden. Doch kann man ihr bis zu einem gewissen Grade durch möglichst frühes Ernten begegnen. Scheinbar gesunde Pflanzen aus der Nachbarschaft von kranken liefern ja (s. S. 65) um so mehr gesunde Nachkommen, je früher sie abgeerntet werden. Die Ernte muß dann allerdings sehr zeitig vorgenommen werden, nach MURPHY u. MCKAY (1926, 3) schon Anfang Juli, da Ende Juli bereits ein Drittel oder die Hälfte der Knollen infiziert sein kann, nach OORTWIJN BOTJES (1923) etwa Mitte Juli. Im einzelnen wird man den Zeitpunkt je nach der Zahl der sichtbar erkrankten Stauden — bei schwachem Befall des Feldes kann man ihn hinausschieben — und nach der normalen Reifezeit der betreffenden Sorte — bei späten Sorten sind die Knollen im Juli noch nicht weit genug entwickelt — verschieden wählen. Mit der früheren Ernte ist natürlich ein Ertragsausfall verbunden, den man aber gegebenenfalls durch Vorkeimen der Pflanzkartoffeln einigermaßen wieder ausgleichen kann.

Nach dem Gesagten bietet weder negative noch positive Staudenauslese eine unbedingte Gewähr dafür, daß nur gesunde Knollen ins Pflanzgut kommen. Um ganz sicher zu gehen, verbindet man die Selektion daher zweckmäßig mit der Stammzucht, d. h. die als gesund ausgelesenen Stauden werden einzeln geerntet und im folgenden Jahre für sich nachgebaut, so daß etwa darunter befindliche kranke Stämme erkannt und ausgesondert werden können. Dieses Verfahren wird besonders von holländischen (QUANJER, OORTWIJN BOTJES), aber auch von englischen (MURPHY) und deutschen Autoren (SCHANDER) empfohlen. Nach MURPHY u. MCKAY (1926, 3) werden die einzelnen Stämme reihenweise zwischen Getreide ausgelegt, um ein etwaiges Übergreifen der Krankheit auf gesunde Stämme zu verhüten. In Holland, wo man ursprünglich (QUANJER 1916, 1921; OORTWIJN BOTJES 1920, 1923) ebenfalls eine Trennung durch andere Kulturpflanzen für erforderlich hielt, pflanzt man neuerdings (AARDAPPELZIEKTEN 1928) die Stämme einfach parzellenweise nebeneinander aus. Während der Vegetation wird der Bestand öfters auf seinen Gesundheitszustand kontrolliert und alle Stämme, die auch nur einzelne kranke Individuen enthalten, alsbald restlos entfernt. Von den gesunden Stämmen wird ein Teil für sich geerntet, um im folgenden Jahre wiederum parzellenweise auf dem Anzuchtfeld — zur weiteren Beobachtung, auch hinsichtlich der Ertragsfähigkeit — ausgelegt zu werden, der Rest aber gemeinsam geerntet und als Pflanzgut für die übrigen Felder verwendet.

Weniger sicher, aber für praktische Zwecke vielfach genügend ist die von SCHANDER (1925) empfohlene Methode, das Ausgangsmaterial für die Pflanzkartoffelzucht durch Massenstaudenauslese zu gewinnen, dieses auf einem besonderen Anzuchtfelde anzubauen und hier zwei- bis dreimal in der Vegetationszeit alle kranken Stauden zu entfernen. Zweckmäßig wird dann auf einem Teile des Feldes noch eine „Elitezucht" angelegt, die später das Pflanzgut für das übrige Anzuchtfeld liefert.

Pflanzgutwechsel. Staudenauslese und Stammzucht erfordern viel Sorgfalt und Arbeit und kommen daher in erster Linie für Pflanzkartoffelzüchter und allenfalls für größere landwirtschaftliche Betriebe in Frage. In allen anderen Fällen ist es für den Praktiker einfacher und rentabler, gesundes Pflanzgut von auswärts zu beziehen. Dabei kommt ihm die „Kartoffelanerkennung" zu Hilfe, die bekanntlich darin besteht, daß die Kartoffelfelder zur Vegetationszeit besichtigt und, sofern sie gesund sind, „anerkannt" werden. Die Anfänge dieser Einrichtung reichen in Holland bis zum Jahre 1903 zurück. In anderen Ländern (Deutschland, Österreich, England, Vereinigte Staaten, Kanada) hat sie sich erst später, und zwar im Zusammenhang mit dem Bekanntwerden der Blattrollkrankheit, entwickelt.

Die deutsche Kartoffelanerkennung, die schon von HILTNER (1908), LANG (1909) und APPEL (1911) angeregt worden ist, wird von der Deutschen Landwirtschaftsgesellschaft und den Landwirtschaftskammern ausgeübt. Die angemeldeten Schläge werden zweimal (zur Blütezeit und kurz vor der Ernte) besichtigt und dabei außer auf Sortenreinheit, Ausgeglichenheit des Standes, Knollenansatz usw. auch auf ihren Gesundheitszustand geprüft. Überschreitet der Krankheitsbefall bestimmte, im einzelnen festgelegte Prozentsätze, so wird der betreffende Schlag „aberkannt“. An rollkranken Stauden dürfen nicht mehr als 5% vorhanden sein, wenn die Anerkennung erfolgen soll (vorausgesetzt natürlich, daß das Feld auch allen sonstigen Anforderungen genügt). Eine Entfernung der bei der ersten Besichtigung festgestellten rollkranken Pflanzen wird meistens nicht verlangt. Wir sehen darin einen Mangel, da solche Stauden Infektionsherde darstellen und bis zur Ernte gesunde Pflanzen im engeren oder weiteren Umkreise angesteckt haben können, ohne an ihnen sichtbare Symptome hervorzurufen. Auf diese Unterlassung des Ausrodens dürfte es — wenigstens teilweise — zurückzuführen sein, daß der Gesundheitszustand anerkannter Pflanzkartoffeln zuweilen enttäuscht. Wir halten eine entsprechende Ergänzung bzw. strengere Durchführung der Anerkennungsvorschriften für sehr wünschenswert. In anderen Ländern (Holland, England) wird auf die Entfernung der kranken Stauden entscheidender Wert gelegt. Immerhin hat sich auch die deutsche Kartoffelanerkennung bewährt und wesentlich mit dazu beigetragen, daß die Blattrollkrankheit nicht in dem Maße überhandgenommen hat, wie man nach ihrem starken Auftreten am Anfang des Jahrhunderts fürchten mußte.

Im übrigen bezieht man seine Pflanzkartoffeln am besten aus solchen Gegenden, wo die Blattrollkrankheit überhaupt weniger verbreitet ist. Das sind z. B. in Holland die Marschgebiete des Nordens und Westens, in England neben gewissen Bezirken von Irland und Wales vor allem Schottland, in Kanada die maritimen Provinzen, in Deutschland die nordöstlichen Landesteile und bestimmte Mittelgebirgslagen usw.

Anbau resistenter Sorten. Ein einfaches Mittel zur Bekämpfung der Blattrollkrankheit wäre der Anbau widerstandsfähiger Sorten. Diese Maßnahme, auf die APPEL (1911), QUANJER (1916), COTTON (1921), SCHANDER (1925, 3) u. a. hinweisen, spielt aber bisher praktisch keine große Rolle. Einmal sind wir über die Anfälligkeit der verschiedenen Sorten noch nicht ausreichend unterrichtet. Das gilt namentlich für die deutschen Sorten. Doch ist auch bei den in Holland und England empirisch ermittelten resistenten Sorten (Eigenheimer, Ceres, Shamrock, Champion, Great Scot usw.) die Frage, wieweit es sich um eine spezifische und konstante Sorteneigenschaft handelt, noch keineswegs endgültig geklärt (s. S. 61—62). Weiterhin ist aber zu bedenken, daß die Sortenwahl nicht ausschließlich nach dem Gesichtspunkte der Resistenz gegen Blattrollkrankheit erfolgen kann, sondern auch eine ganze Reihe von anderen Momenten, wie Verhalten gegenüber Mosaik, Phytophthora, Krebs, Schorf und anderen Krankheiten, ferner Ertragsfähigkeit, Abbaufestigkeit, Geschmack und Stärkegehalt der Knollen usw. berücksichtigen muß. Sorten, die gegen Blattrollkrankheit widerstandsfähig sind und gleichzeitig alle sonstigen wünschenswerten Eigenschaften besitzen, kennt man unseres Wissens noch nicht. Es scheint im Gegenteil, als ob die Resistenz gegen Blattrollkrankheit häufig mit Anfälligkeit gegen andere Viruskrankheiten (McIntosh 1925) oder mit Mängeln anderer Art (Murphy 1923) verbunden ist. Geeignete Sorten müssen also erst gezüchtet werden. Quanjer (1921) bezweifelt allerdings angesichts des komplizierten Bastardcharakters der Kartoffel, ob das Ziel überhaupt erreichbar ist, und ist, ebenso wie Oortwijn Botjes (1920), der Meinung, daß es wichtiger sei, die vorhandenen Sorten durch züchterische Bearbeitung (Selektion, Stammzucht) zu verbessern.

Technische Bekämpfungsmaßnahmen. Um die Übertragung der Blattrollkrankheit auf gesunde Pflanzen durch Insekten (Blattläuse) zu verhüten, wird von englischen und amerikanischen Autoren (Cotton 1921, Murphy 1921, Schultz u. Folsom 1923, McIntosh 1925) geraten, die Kartoffeln im Sommer (Juli, August) etwa wöchentlich mit Insektiziden (Nikotin- oder Nikotinseifenbrühe) zu spritzen. Sie denken dabei vor allem an Selektionsfelder und Sämlingskulturen. Für größere Flächen kommen solche Spritzungen schon der Kosten wegen kaum in Frage. Von geringer praktischer Bedeutung sind ferner die von Murphy (1924) und McIntosh (1925) zur Verhütung der Keiminfektion in Gewächshäusern und Vorratsräumen empfohlenen Räucherungen mit Tetrachloräthan.

Endlich wäre hier die Knollenbehandlung zu nennen. Auf den ersten Blick scheint eine solche ziemlich aussichtslos zu sein, da der Krankheitskeim der Knolle nicht äußerlich anhaftet, sondern im Innern zu suchen ist, wo er nicht oder nur unter gleichzeitiger Schädigung der Keimkraft getroffen werden kann. Entsprechende Versuche von Appel (1911) mit Beizmitteln und Schultz u. Folsom (1923) mit Erhitzen sind auch ergebnislos geblieben. Neuerdings hat aber Schweizer (1930) die Frage von einem anderen Gesichtspunkte aus erneut geprüft. An seine oben geschilderten (s. S. 35) Injektionsversuche anknüpfend, versuchte er, den gestörten Stoffwechsel rollkranker Pflanzen durch Applikation von bestimmten, die Eiweißbildung bzw. die Enzymtätigkeit anregenden Salzlösungen (Mangan-, Calcium-, Magnesium-, Cyanverbindungen) oder Mischungen derselben wieder in normale Bahnen zu lenken. Es gelang ihm in der Tat, die Pflanzen zu „heilen", so daß das Blattrollen zurückging und die Stärkeableitung wieder aufgenommen wurde. Das gleiche geschah, wenn die Lösungen in den Boden gebracht, und schließlich auch, wenn die Knollen damit behandelt wurden. Besonders bewährte sich eine von Schweizer als „A-Lösung" bezeichnete Mischung aus Mangan-, Calcium-, Cyan- und Uransalzen, die 5%ig 5 Stunden lang oder 10%ig 2 Stunden lang zur Anwendung kam. Aus den gebeizten Knollen bzw. Knollenhälften gingen absolut gesunde Pflanzen hervor, die auch im Nachbau gesund blieben, während die unbehandelten Kontrollhälften typisch rollkranke Pflanzen lieferten. Wie diese Befunde theoretisch zu deuten sind, möchten wir dahingestellt sein lassen. Vorläufig bleibt abzuwarten, ob die Gesundheit der aus den gebeizten Knollen entstandenen Pflanzen und ihrer Nachkommen tatsächlich von Dauer ist. Sollte das der Fall sein, so wäre der erste Schritt auf dem Wege zu einer Therapie der Blattrollkrankheit getan.

Kulturmaßnahmen. Appel (1911) empfiehlt gegen die Blattrollkrankheit auch „alle Kulturmaßnahmen, die zur Hebung des Kartoffelbaues im allgemeinen beitragen". Er geht dabei wohl von der Erwägung aus, daß gut ernährte und gepflegte Pflanzen auch sonst in der Regel nicht so leicht von Krankheiten befallen werden. Die bisherigen Untersuchungen haben aber noch keine sicheren Anhaltspunkte dafür ergeben, daß Düngung, Bodenbearbeitung, Pflanzweise, Aufbewahrung usw. auf die Krankheit, insbesondere auf die primäre Infektion, von wesentlichem Einfluß sind. Es muß daher der Zukunft überlassen bleiben, etwaige zur Bekämpfung oder Vorbeugung geeignete Kulturmaßnahmen ausfindig zu machen. Wo die Kartoffeln schon von der Krankheit befallen sind, werden sie bei guter Pflege selbstverständlich höhere Erträge geben und so den unmittelbaren Schaden vermindern.

Literaturnachweis[1].

Aardappelziekten: Verslagen en Mededeelingen v. d. plantenziektenkundigen Dienst te Wageningen, Nr. 6, 5. Aufl. 1928. — **Appel, O.:** 1. Neuere Untersuchungen über Kartoffel- und Tomatenerkrankungen. Jber. angew. Bot. **3**, 122—136 (1906). — 2. Beiträge zur Kenntnis der Kartoffelpflanze und ihrer Krankheiten. Arb. biol. Reichsanst. Land- u. Forstw. **5**, H. 7, **377—435** (1907). — 3. Die Blattrollkrankheit der Kartoffel. Flugbl. Nr 42 der Biol. Reichsanst. Land- u. Forstw. **1907**. — 4. Desgleichen 3. Aufl. 1909. — 5. Leafroll diseases of the potato. Phytopathology **5**, 139—148 (1915), referiert in Z. Pflanzenkrkh. **27**, 221. — 6. Kartoffelkrankheiten, II. (Staudenkrankheiten). Pareys Taschenatlanten, Nr 2. Berlin 1926. — **Appel, O.** u. **Schlumberger, O.:** Die Blattrollkrankheit und unsere Kartoffelernten. Arb. dtsch. landw. Ges., **1911**, H. 190. — **Appel, O., Werth, E.** u. **Schlumberger, O.:** Mitt. biol. Reichsanst. Land- u. Forstw. **1910**, H. 10, S. 12. — **Artschwager, E.:** 1. Histological studies on potato leafroll. J. agricult. Res. **15**, 559—570 (1918). — 2. Occurrence and significance of phloëmnecrosis in the Irish potato. Ebenda **24**, 237—246 (1923). — **Atanasoff, D.:** 1. A study into the literature on stipple-streak and related diseases of potato. Meded. v. d. Landbouwhoogeschool, Deel **26**. Wageningen 1922. — 2. Methods of studying the degeneration-diseases of potato. Phytopathology **14**, 521—533 (1924).

Böning, K.: 1. Beiträge zum Studium der Infektionsvorgänge pflanzlicher Viruskrankheiten. Z. Parasitenkde **1928**, 198—230. — 2. Insekten als Überträger von Pflanzenkrankheiten. Z. angew. Entomol. **1929**, 181—206. — **v. Brehmer, W.:** Über die anatomischen und mikroskopischen Veränderungen des Kartoffelleptoms. Vortrag a. d. Internat. Konf. Phyt. Holland 1923, abgedruckt in Sorauers Handbuch der Pflanzenkrankheiten, 5. Aufl., **1**, 929—935 (1924). — **v. Brehmer, W.** u. **Bärner, J.:** Über die Viruskrankheiten der Kartoffel. Arb. biol. Reichsanst. Land- u. Forstw. **18**, H. 1, 1—54 (1930). — **Butler, E. J.:** Some characteristics of the virus diseases of plants. Science Progress **1923**, S. 416—431.

Campbell, E. G.: Potato leafroll as affecting the carbohydrate, water and nitrogen content of the host. Phythopathology **15**, 427—430 (1925). — **Carne, W. M.:** Mosaic and leafroll of potatoes. J. Dept. Agricult. Western Australia **2**, Ser. 4, 322—329 (1927). — **Coons, G. H.** u. **Kotila, J. E.:** Michigan potato diseases. Agricult. Exper. Stat. Michigan Agricult. Coll., Spec. Bull. Nr 125 (1923). — **Cotton, A. D.:** The situation with regard to leaf-curl and mosaic in Britain. Rep. Internat. Potato Conf. London **1921**, 153—166.

Doby, G.: Biochemische Untersuchungen über die Blattrollkrankheit der Kartoffel. Z. Pflanzenkrkh. **21**, 10—17, 321—336 (1911); **22**, 204—211, 401—403 (1912); **25**, 4—16 (1915).

---

[1] Da die Literatur über die Blattrollkrankheit außerordentlich umfangreich ist, wurde von einer vollständigen Aufführung derselben abgesehen. Wir beschränken uns im wesentlichen auf die seit 1911 erschienenen Veröffentlichungen, soweit sie in der vorliegenden Arbeit zitiert sind. Bezüglich der älteren Literatur verweisen wir auf die Zusammenstellungen bei Appfl (1911) und Himmelbaur (1912).

Ehrenberg, P.: Der Abbau der Kartoffel. Landw. Jb. **33**, 859—915 (1904). — **Elze, D. L.:** 1. De verspreiding van virusziekten van de aardappel (*Solanum tuberosum* L.) door insekten. Meded. v. d. Landbouwhoogeschool Wageningen **31** (1927). — 2. The relation between insect and virus as shown in potato leaf roll, and a classification of viroses based on this relation. Phytopathology **21**, 675—686 (1931). — 3. Die Übertragbarkeit mit dem Samen von Aukuba-Mosaik, sowie Blattroll (Phloëmnekrose) der Kartoffel. Phytopath. Zeitschr. **3**, 449—460 (1931). — **Elze, D. L.** en **Quanjer, H. M.:** Phloëmnecrose en net necrose van de aardappel in Amerika en Europa. Ebenda, Deel **33** (1929). — **Esmarch, F.:** 1. Zur Kenntnis des Stoffwechsels in blattrollkranken Kartoffeln. Z. Pflanzenkrkh. **29**, 1—20 (1919). — 2. Beiträge zur Anatomie der gesunden und kranken Kartoffelpflanze. Landw. Jb. **54**, 161—266 (1919). — 3. Die Phloëmnekrose der Kartoffel. Ber. dtsch. bot. Ges. **37**, 463—470 (1919).

Foëx, Et.: 1. La nécrose du liber de la tige de pomme de terre atteinte de la maladie dite „de l'enroulement“. C. r. Acad. Sci. Paris **170**, 1336—1339 (1920). — 2. Diskussionsbemerkung zu dem Vortrag von Quanjer. Rep. Internat. Potato Conf. London 1921, S. 19.

Gilbert, A. H.: Correlation of foliage-degeneration diseases of the Irish potato with variations of the tuber and sprout. J. agricult. Res. **25**, 255—266 (1923). — **van der Goot, P.:** Aanteekeningen over aardappelcultuur en virusziekten in Ned.-Indie. Tijdschr. Plantenziekten **31**, 167—178 (1925). — **Goss, R. W.** a. **Peltier, G. L.:** Further studies on the effect of environment on potato degeneration diseases. Nebraska Stat. Res., Bull. **29** (1925). — **Gram, E.:** Einfluß des Anbauortes auf die Blattrollkrankheit der Kartoffel. Angew. Bot. **5**, H. 1 (1923).

Hiltner, L.: 1. Einige Bemerkungen über die Blattrollkrankheit der Kartoffeln. Prakt. Bl. Pflanzenbau u. Pflanzenschutz **6**, 25—30 (1908). — 2. Über den Zusammenhang der Blattrollkrankheit der Kartoffel mit der Stärkeanhäufung in ihren Blättern. Ebenda **16**, 138—141 (1918). — 3. Weitere Beobachtungen über die „Stärkeschoppung“ in blattrollkranken Kartoffelpflanzen. Ebenda **17**, 15—19 (1919). — 4. Über die Keimung und Triebkraft von Knollen gesunder und kranker Stauden. Ebenda **17**, 39—48 (1919). — **Himmelbaur, W.:** 1. Die Fusarium-Blattrollkrankheit der Kartoffel. Österr.-ungar. Z. Zuckerindustrie u. Landw. **41**, H. 5/6 (1912). — 2. Weitere Beiträge zum Studium der Fusariumblattrollkrankheit der Kartoffel. Ebenda **42**, H. 5 (1913). — **Hochapfel:** Über die Auswirkung von Veränderungen im Habitusbilde der Kartoffelpflanze während der Vegetationsperiode 1928 in anatomisch-histologischer Richtung. Manuskript, 1929.

Janssen, J. J.: Invloed der bemesting op de gezondheid van de aardappel. Tijdschr. Plantenziekten **35**, 119—151 (1929). — **Jordi, E.:** Anatomische Untersuchungen der Kartoffelpflanze. Jber. 1912/13 der landw. Schule Rütli. 1913.

Kasai, M.: Observations and experiments on the leafroll disease of the Irish potato in Japan. Ber. Ohara Inst. **2**, H. 1, 47—77 (1921). — **Köck, G.** u. **Kornauth, K.:** Z. landw. Versuchswes. Österreich **14**, 759—805 (1911); **15**, 179—247 (1912); **16**, 89—140 (1913): **17**, 270—300 (1914). — **Koltermann, A.:** Die Keimung der Kartoffelknolle und ihre Beeinflussung durch Krankheiten. Angew. Bot. **9**, 289—339 (1927). — **Kottmeier, F.:** Ertrag und Pflanzgutwert der Kartoffel unter Berücksichtigung des Einflusses von Stickstoffdüngemitteln und verschiedenen Bodenarten. Diss. Halle (Saale) 1927. — **Krankheiten und Beschädigungen der Kulturpflanzen** in den Jahren 1920, 1921, 1922—24, 1925, 1926, 1927, zusammengestellt im Laboratorium für Phänologie und Meteorologie der Biolog. Reichsanst. f. Land- u. Forstw. Mitt. biol. Reichsanst. Land- u. Forstw. **1922**, H. 25; **1926**, H. 29; **1927**, H. 30/32; **1928**, H. 37; **1930**, H. 40. — **Krüger, K.:** Die Wirkung stickstoffhaltiger Düngemittel auf den Wert des Pflanzgutes und die Zusammensetzung der Kartoffel bei verschiedenen Bodenarten. Landw. Jb. **66**, 781—843 (1927).

Laske, C.: 1. Beiträge zur Kenntnis der Viruskrankheiten der Kartoffel. Vortrag a. d. Tagung der deutschen Naturforscher und Ärzte in Hamburg 1928, referiert in Angew. Bot. **10**, 478 (1928). — 2. Über Veränderungen im Habitusbilde der Kartoffelpflanze während der Vegetationsperiode 1928. Vortrag i. d. zool.-bot. Sektion der Schles. Ges. f. vaterländ. Kultur, 1929 (Manuskript). — **Laske, C.** u. **Hochapfel:** Zusammenfassende Darstellung der Versuchsergebnisse aus den Jahren 1928—30. Manuskript, 1931. — **Lindner, G.:** Über die Bedeutung der chemischen Zusammensetzung für den Abbau der Kartoffel. Dtsch. landw. Presse **1926**, Nr 43, 44, 45. — **Ludewig, K.:** Beiträge zum Studium der Blattrollkrankheit der Kartoffel. Landw. Jb. **1926**, 277—303.

McIntosh, J.: Leaf roll, mosaic and related diseases of the potato. Scot. J. Agricult. 8, Nr 1/2 (1925). — **Merkenschlager, F.:** Zur Pathologie der Blattrollkrankheit. 2. Mitt. zur Biologie der Kartoffel. Arb. biol. Reichsanst. Land- u. Forstw. **17**, H. 4, 345—376 (1929). — **Morstatt, H.:** 1. Entartung, Altersschwäche und Abbau bei Kulturpflanzen, insbesondere der Kartoffel. Heft 7 der Sammlung „Naturwissenschaft und Landwirtschaft". München 1925. — 2. Die Viruskrankheiten der Pflanzen. Pflanzenbau **1924**, 57—58. — **Murphy, P. A.:** 1. Investigations on potato diseases. Dept. Agricult. Canada, Bull. **44** (1921). — 2. Some recent work on leafroll and mosaic. Rept. Internat. Potato Conf. London 1921, S. 145—152. — 3. On the cause of rolling in potato foliage and some further insect carriers of the leafroll disease. Scient. Proc. Roy. Dublin Soc. **17**, 163—183 (1923). — 4. Investigations on the leafroll and mosaic diseases of the potato. J. Dept. Agricult. Ireland **23**, 20—34 (1923). — **Murphy, P. A.** a. **McKay, R.:** 1. Investigations on the leafroll and mosaic diseases of the potato. Ebenda **23**, 344—364 (1924). — 2. Desgleichen, ebenda **25**, 138—154 (1925). — 3. Desgleichen, ebenda **26**, 1—8 (1926). — 4. Desgleichen, ebenda **26**, 295—305 (1927). — 5. Methods for investigating the virus-diseases of potato. Scient. Proc. Roy. Dublin Soc. **18**, 169 (1926). — 6. The insect vectors of the leafroll disease of the potato. Ebenda **19**, 341—353 (1929). — **Murphy, P. A.** a. **Wortley, E. J.:** Determination of the factors inducing leafroll of potatoes. Phytopathology 8, 150—154 (1918).

Neger, F. W.: Die Blattrollkrankheit der Kartoffel. Z. Pflanzenkrkh. **29**, 27—48 (1919). — **Nelson, R.:** The occurrence of protozoa in plants affected with mosaic and related diseases. Agricult Exper. Stat. Michigan Agricult. Coll., Techn. Bull. 58 (1922).

Oortwijn Botjes, J. G.: 1. De bladrolziekte van de aardappelplant. Diss. Wageningen 1920. — 2. The potato selection farm at Oostwold. Rep. Internat. Conf. Phyt. Holland **1923**, 142. — 3. Het optreden van bladrol en mozaiekziekte in den nabouw van gezonde aardappelplanten, die op grooten afstand groien van ziekte planten. Tijdschr. Plantenziekten **31**, H. 1 (1925). — **Orton, W. A.:** 1. Potato leaf roll. Bureau of Plant-Ind., Circ. **109** (1913). — 2. Potato wilt, leafroll an related diseases. Dept. Agricult., Bureau of Plant-Ind., Bull. **64** (1914). — 3. New work on potato diseases in America. Rep. Internat. Potato Conf. London **1921**, 169—179.

Pethybridge, G. H.: Investigations on potato diseases. J. Dept. Agricult. Ireland **10**, 241—256 (1910); **11**, 417—449 (1911); **12**, 334—360 (1912); **13**, 445—468 (1913); **19**, 271—292 (1919).

Quanjer, H. M.: 1. Die Nekrose des Phloëms der Kartoffelpflanze, die Ursache der Blattrollkrankheit. Wageningen 1913. — 2. Nature, mode of dissemination and control of phloëmnecrosis (leafroll) and related diseases. Wageningen 1916. — 3. De degeneratie ziekten van de aardappelplant. Vakblad voor Biologen

2 (1921). — 4. New work on leaf-curl and allied diseases in Holland. Rep. Internat. Potato Conf. London **1921**, 127—145. — 5. Een proef over de beteekenis van ziekten en ziekteverspreiding bij de pootgoedverwisseling. Cultura **1922**, Mai. — 6. General remarks on potato diseases of the curl-type. Rep. Int. Conf. Phyt. Holland **1923**, 22. — 7. Verglijking tuschen den gezondheidstoestand van Schotsche en Noord-Hollandsche Pootaardappelen. Tijdschr. Plantenziekten **31**, H. 1 (1925). — **Quanjer, H. M., Dorst, J., Dijt, M. D.** en **v. d. Haar, A. W.:** De mozaiekziekte van de Solanaceen, hare verwantschap met de Phloëmnekrose en hare beteekenis voor de aardappelcultuur. Wageningen 1919. — **Quanjer, H. M.** en **Elze, D. L.:** Achteruitgang van pootgoed van gelijke afstamming in de verschillende vroege aardappeldistrickten. Tijdschr. Plantenziekten **31**, 11 (1925). — **Quanjer, H. M., Thung, T. H.** en **Elze, D. L.:** Pseudonetnecrose van de aardappelplant. Meded. Landbouwhoogeschool Wageningen, Deel **33** (1929).

Schacht: Bericht an das Kgl. Landesökonomiekollegium über die Kartoffelpflanze und deren Krankheiten. 1854. — **Schaffnit, E.:** 1. Bericht über das Auftreten von Feinden und Krankheiten der Kulturpflanzen in der Rheinprovinz im Jahre 1915. Veröff. d. Landw.-Kammer. Bonn 1915. — 2. Desgleichen im Jahre 1916/17. Ebenda 1919. — 3. Desgleichen im Jahre 1918/19. Ebenda 1920. — 4. Der gegenwärtige Stand der Forschung über Viruskrankheiten. Beitr. z. Pflanzenzucht **1927**, H. 9, 25—41. — 5. Angew. Bot. **10**, 367 (1928). — **Schander, R.:** 1. Neue Studien über die Blattrollkrankheit der Kartoffel. Jber. angew. Bot. **7**, 235—245 (1910). — 2. Die wichtigsten Kartoffelkrankheiten und ihre Bekämpfung. Berlin 1915. — 3. Desgleichen, 4. Aufl. 1925. — 4. Bericht über die Tätigkeit des Instituts für Pflanzenkrankheiten, im Jahresbericht der Preuß. Versuchs- u. Forschungsanstalten in Landsberg a. W. für 1923/24. Landw. Jb. **1924**, 162—191. — 5. Desgleichen für 1924/25. Ebenda **1925**, 43—76. — 6. Desgleichen für 1925/26. Ebenda **1926**, 63—113. — 7. Desgleichen für 1926/27. Ebenda **1927**, 55—91. — 8. Desgleichen für 1927/28. Ebenda **1928**, 52—95. — 9. Desgleichen für 1929/30. Ebenda **1930**, S. 62—91. — 10. Bericht über das Auftreten der Krankheiten und Beschädigungen der Kulturpflanzen im Bereich der Hauptstelle für Pflanzenschutz in Landsberg a. W. 1924. — 11. Ackerkultur und Kartoffelabbau. Die Kartoffel **6**, 38—41 (1926). — 12. Neuere Arbeiten über die Blattrollkrankheit. Mitt. dtsch. landw. Ges. **1927**, 613—615. — 13. Physiologische Untersuchungen an blattrollkranken Kartoffeln. Landw. Versuchsstat. **1927**, 198—204. — **Schander, R.** u. **Bielert:** Nekrose und andere Degenerationserscheinungen im Phloëm der Kartoffelpflanze. Arb. biol. Reichsanst. Land- u. Forstw. **15**, H. 5, 609—671 (1928). — **Schander, R.** u. **Krause, F.:** Untersuchungen über Kartoffelkrankheiten. Mitt. Kaiser-Wilhelm-Inst. Landw. Bromberg **5**, H. 1 (1911). — 2. Beiträge zur Kultur der Kartoffel. Ebenda **5**, H. 2 (1912). — **Schander, R., Mestel, A.** u. **Mallach, J.:** Untersuchungsmethoden zur Feststellung des Pflanzgutwertes und der Abbauneigung bei Kartoffeln. Pflanzenbau **6**, H. 10 (1930). — **Schander** u. **Richter:** Untersuchungen über das Verhältnis der Keimfähigkeit der Kartoffelknollen zum Gesundheitszustand und Ertrag. Zbl. Bakter. II, **60**, 27—50 (1923). — **Schander** u. **Schweizer:** Die Säurekrankheit der Kartoffelpflanze („falsche Rollkrankheit"). Pflanzenbau **2**, 103—106 (1925). — **Schander, R.** u. **v. Tiesenhausen, M.:** Kann man die Phloëmnekrose als Ursache oder Symptom der Blattrollkrankheit der Kartoffel ansehen? Mitt. Kaiser-Wilhelm-Inst. Landw. Bromberg **6**, 115—124 (1914). — **Schultz, E. S.** a. **Folsom, D.:** Leafroll, net-necrosis and spindling sprout of the Irish potato. J. agricult. Res. **21**, 47—88 (1921). — 2. Transmission, variation and control of certain degeneration diseases of Irish potatoes. Ebenda **25**, 43—117 (1923). — **Schweizer, G.:** Zur Blattrollkrankheit der Kartoffelpflanze. Ber. dtsch. bot. Ges. **44**, 551—561 (1926). —

2. Ein Beitrag zur Ätiologie und Therapie der Blattrollkrankheit bei der Kartoffelpflanze. Phytopathol. Z. 2, 537—591 (1930). — **Smith, Kenneth M.:** Studies on potato virus diseases. V. Insect transmission of potato leafroll. Ann. appl. Biol. **16**, 209—228 (1929). — **Sorauer, P.:** 1. Handbuch der Pflanzenkrankheiten. 2. Aufl., **1**, 282. Berlin 1886. — 2. Die angebliche Kartoffelepidemie, genannt „die Blattrollkrankheit". Internat. Phytopathol. Dienst **1**, 33—59 (1908). — 3. Die neuen Untersuchungen QUANJERS über die Ursache der Blattrollkrankheit der Kartoffel und der SORAUERsche Standpunkt. Z. Pflanzenkrkh. **1913**, 244—253. — **Spieckermann, A.:** Beiträge zur Kenntnis der Bakterienring- und der Blattrollkrankheit der Kartoffelpflanze. Jber. angew. Bot. 8, 1—19, 173—177 (1911).

Thung, T. H.: 1. Physiologisch onderzoek met betrekking tot het virus der bladrolziekte van de aardappelplant. Tijdschr. Plantenziekten **34**, H. 1/2 (1928). — 2. Over knolentingen, die ter bestudeering der virusziekten van de aardappelplant worden uitgevoerd. Ebenda **34**, 195—199 (1928). — **Tuckermann:** Beiträge zur Frage des Abbaues der Kartoffel. Mitt. landw. Inst. Universität Breslau **3**, 55 (1906).

Wartenberg, H.: 1. Über die Wirkung der Kalidüngung auf die Frostempfindlichkeit der Kartoffelpflanze. 3. Mitt. zur Biologie der Kartoffel. Arb. biol. Reichsanst. Land- u. Forstw. **17**, H. 4, 377—384 (1929). — 2. Beitrag zur Kenntnis des ökologischen Abbaus der Kartoffel. 6. Mitt. zur Biologie der Kartoffel. Arb. biol. Reichsanst. **18**, H. 4, 405—423 (1930). — **Wellensiek, S. J.:** De invloed van poottijd en rij-afstand op de verspreiding van aardappel-virosen. Landbouwkundige Tijdschr. **41**, 641—648 (1929). — **Whitehead, T.:** 1. Transmission of leafroll of potatoes in N.-Wales during 1921. Rep. Internat. Conf. Phyt. Holland **1923**, 147—150. — 2. Potato leafroll and degeneration in yield. Ann. appl. Biol. **11**, 31—41 (1924). — 3. Some experiments on potato leafroll transmission in Wales. Welsh J. Agricult. **1**, 184—188 (1925). — 4. Experiments on the control of potato leafroll. Ebenda **3**, 169—180 (1927). — **Wortley, E. J.:** Potato leafroll, its diagnosis and cause. Phytopathology 8, 507—529 (1918).

Ziegler, O.: Beiträge zum Abbauproblem der Kartoffel. H. 13 der Sammlung „Naturwissenschaft und Landwirtschaft". München 1927.